Published in its Original Edition with the title
Expedition Polarstern-Dem Klimawandel auf der Spur by Katharina Weiss-Tuider and Christian Schneider © 2021 by cbj Verlag,
a division of Penguin Random House Verlagsgruppe GmbH, München, Germany.
© for the Chinese edition: Zhejiang Literature and Art Publishing House

本书中文简体字版由北京 Himmer Winco 永 图 民 媒 文化传媒有限公司独家授予浙江文艺出版社有限公司。
版权合同登记号：图字：11-2021-121 号

图书在版编目（CIP）数据

"极星"号！漂流北极 /（德）卡塔琳娜·韦斯－图德著；（德）克里斯蒂安·施耐德绘；何钰译 . —杭州：浙江文艺出版社，2022.6
ISBN 978-7-5339-6810-6

Ⅰ . ①极… Ⅱ . ①卡… ②克… ③何… Ⅲ . ①儿童故事—图画故事—德国—现代 Ⅳ . ① I516.85

中国版本图书馆 CIP 数据核字（2022）第 049881 号

责任编辑　童潇骁　　装帧设计　吕翡翠
责任校对　陈　玲　　营销编辑　周　鑫
责任印制　吴春娟

"极星"号！漂流北极

［德］卡塔琳娜·韦斯－图德 著　　［德］克里斯蒂安·施耐德 绘
何钰 译　王海宁　刘海龙 审订

出版发行　浙江文艺出版社
地　　址　杭州市体育场路 347 号
邮　　编　310006
电　　话　0571-85176953（总编办）
　　　　　0571-85152727（市场部）
制　　版　杭州天一图文制作有限公司
印　　刷　浙江省邮电印刷股份有限公司
开　　本　710 毫米 ×1000 毫米　1/8
字　　数　60 千字
印　　张　15.25
插　　页　4
版　　次　2022 年 6 月第 1 版
印　　次　2022 年 6 月第 1 次印刷
书　　号　ISBN 978-7-5339-6810-6
定　　价　98.00 元

版权所有　侵权必究
（如有印装质量问题，影响阅读，请与市场部联系调换）

"极星"号！
漂流北极

[德] 卡塔琳娜·韦斯-图德 著　　[德] 克里斯蒂安·施耐德 绘

何钰 译　　　　王海宁　刘海龙 审订

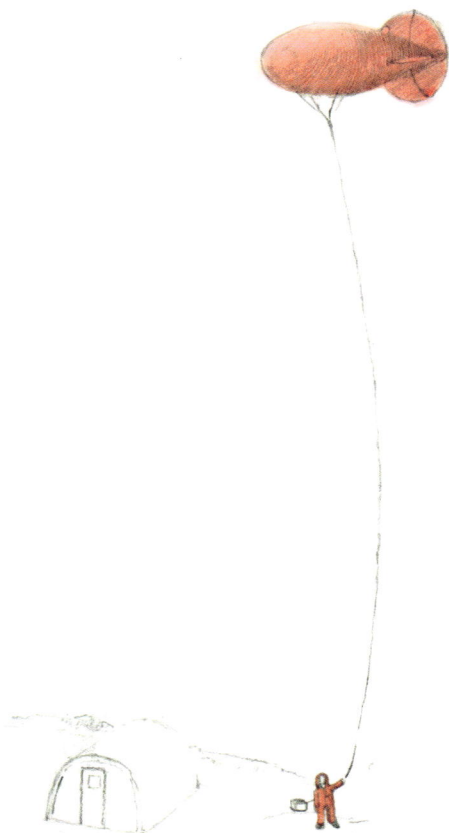

浙江文艺出版社
Zhejiang Literature & Art Publishing House

融入坚冰

　　在极地的寒夜里，站在北极的浮冰之上是一种无与伦比的体验。当冬季潜入北极时，会给这里带来近半年的黑暗，你周围的世界，将缩小再缩小，直到全部禁锢在自己的头灯投射出的光圈里。唯有极其专业的极地装备才可以在体感温度低至 -60℃ 的时候保全你的鼻子、指尖和身体的其他部位。大部分时间里，这里只有寂静，当然，是在冰面没有风暴呼啸的时候。在那些风暴肆虐的夜晚，环境更加严酷，因为无法监测北极熊的出没，我们只能退回到船上。科考型破冰船 "极星" 号，是我们在北极腹地探险科考期间一颗闪耀在地平线上的明星，她也是我们在茫茫冰雪世界里的唯一的保护伞。

　　我热爱北极，尽管那里危机四伏。长久以来，有句话一直在极地探险家们之间口口相传：一旦感染了 "极地病毒"，你就会一次又一次地来到这冰雪世界并流连忘返。时至今日，极地研究仍是巨大的冒险。

北极，
就是气候剧
变的震中。　→

　　气候，在北极地区正发生着戏剧性的变化。地球上还没有任何其他角落的气候变化像北极地区一样肉眼可见。20 世纪 90 年代初期，我就作为科研人员来到北极。在大约 30 年前的寒冬里，当我抵达位于北极地区的斯匹次卑尔根岛的科考站时，仿若置身于一个由蓝色的冰块和闪亮的冰晶打造出的世界。那些需要穿越峡湾前往对岸科考站的人，借助雪板或者雪地摩托就可以轻松抵达。那时的峡湾是冰封的，如同横在我们面前的巨大冰块。

　　如今，当我再次抵达这个科考站时，即使是在冬天，也有潺潺的水流在我脚下拍打。峡湾不再冻结，人们也不能再滑着雪驰骋穿越，取而代之的是乘船。

　　然而，在北极发生的一切，却不仅仅存在于北极，欧洲的天气和气候也非常直接地受到了影响。诚然，北极地区，是人类了解最少的区域之一。坚冰、严寒和极夜里无尽的黑暗，无一不阻挠着科学家们对其奥秘的探索。

探险队队长马库斯·雷克斯，
极地和大气科学家。 ——→

　　为此，我们在 2019 年秋季发起了一场前所未见的探险。我们把所乘的"极星"号冻结在海冰上，任由坚冰带着我们向北极点方向漂移，会途经何处，我们不得而知。来自全世界的近 500 人参与了此次行动。他们抵御严寒，抗击北极熊和暴风雪的挑战。在此期间，来往的其他破冰船、船队和直升机为我们提供补给。

　　感谢这次史上规模最大的北极探险活动，让我们成功地捕获了那些北极气候系统中不易察觉的微小细节。这些细节，如同发条上环环相扣的齿轮，或是独立却又关联在一起的拼图碎片，只有将它们组装和拼接完毕，我们才能够了解得更加深入。

　　这也是本书的主要内容，它为您讲述"极星"号的探险之旅，将您引入一个魅力无限的冰雪世界，同时向您解释，为什么这个世界上并没有我们以为的亘古不变的坚冰，也向您说明，各个看似独立的系统在气候系统中有着什么样的联系，以及为什么有些变化，发生在看似与我们相隔遥远的地区，却能悄声无息地影响着我们眼下的天气。

　　我们从冰上带回的这些知识，将参与决定我们和下一代的未来，可能我们还有几年的时间可以用来阻止更戏剧性的一幕发生，比如说，北冰洋在夏季变成一片无冰的海洋。这些知识，也将帮助我们阻止气候变化的进一步加剧，从而保护北极，以及我们共有的气候家园。

马库斯·雷克斯教授，探险队队长
2020 年 9 月于北纬 89°，东经 109°

第一章

史上规模最大的北极探险

2 炎热？！——气候变化正在改变世界
4 北极热点——气候变暖最快的地方
6 世界的天气厨房
8 极夜下的秘密
10 被冰包围
12 冰的漂流
14 随冰漂流的发明者
16 "前进"号的大胆之行
18 南森的北极大冒险
20 探险日志——薄冰上的手记
22 "极星"号破冰船
24 "极星"号探险队
26 旧时兽皮，今日科技
28 破冰船上的生活
30 冰上工作日常
32 北极的团队交接

第二章

冰上气候调查

36 "好"的温室效应
39 "坏"的温室效应
40 北极的气候拼图
42 欢迎来到冰上营地

海冰科学团队
44 在（几乎）永恒的冰上
46 千变万化的冰
48 冰的真相
50 加剧融化
52 海冰的恶性循环
54 我们是否就快被海水淹没？

大气科学团队

56 天与海之间
58 地球的"蒸汽团"
60 如何追风逐云
62 为什么云会导致冰的减少
64 云的复杂性
66 云的诞生

海洋科学团队

68 神秘深海
70 环绕世界的洋流
72 充满惊喜的海洋
74 越来越暖的海洋
76 警惕,酸!
78 海洋还是垃圾场?!
80 在北极搜寻塑料

生态系统团队

82 极端环境里的生灵
84 北极之王
86 搭便车穿越北极
88 冰海里的"华"

地球生命化学团队

90 海洋里的超级英雄
92 融化加剧的迹象

第三章

我们的北极,
我们的未来

96 探险日志——薄冰上的手记
98 北极点的泳池派对
100 极点争夺
102 值得关注的原因
104 我们需要你
106 日常生活里的气候英雄和北极的拯救者们
108 告别是为了再见
110 术语表
113 索引

第一章

史上规模
最大的
北极探险

这个计划听起来就很疯狂。但是气候变化与我们每个人都息息相关，唯有深入冰层才能解开谜团。来吧，让我们随着"极星"号一起向着北极点前行！

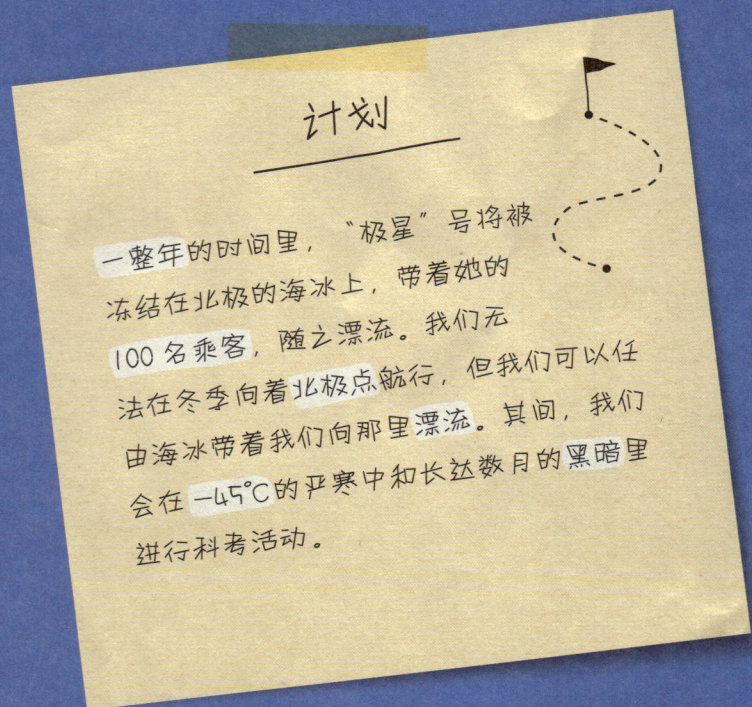

"极星"号是一艘不一般的船：她是一艘科考型破冰船。在过去的 40 年间，她参与过很多次探险科考活动，但还未曾有过如此声势浩大、计划周密、耗时漫长、设计大胆的探险经历。

现在，"极星"号正前往地球上环境最为严酷的地区——北极的中心。船上，有 100 名来自不同国家、处于不同年龄段的乘客，他们各司其职——科研人员、后勤人员、北极熊巡视员、船长、工程师、医生、厨师和航海学家。

在他们的头顶上，闪耀着一颗明星，这艘船也以此命名：北极星！它指引着前往遥远北方的道路，而它正对的位置，就是鲜有人类触及过的北极点。

北极的中心对我们来说仍是一个巨大的谜团。虽然人类在探索的道路上硕果累累：我们已经探访过遥远的月球，触及过最深的海沟，登上了宇宙空间站并小住，甚至造出的太空探测器已跨越了太阳系的边际。但在北极中心的寒冬里，强大的冰群是如此的坚不可摧，连破冰船也无法靠近。坚冰、严寒以及极夜里无边无际的黑暗，无一不阻挡着我们去探索这块看似贫瘠荒凉却又神秘莫测的冰封之地。

至少目前还是，但也并非一成不变。

计划

一整年的时间里，"极星"号将被冻结在北极的海冰上，带着她的 100 名乘客，随之漂流。我们无法在冬季向着北极点航行，但我们可以任由海冰带着我们向那里漂流。其间，我们会在 $-45℃$ 的严寒中和长达数月的黑暗里进行科考活动。

在北极地区正上演着一幕戏剧性的剧变，影响力席卷全球，然而这一切都是由人为导致的气候变化引发的。尽管我们已经知晓人类活动是导致气候变化的根本因素之一，但其影响程度我们还无法估计，所以我们迫切想要一探究竟，到底我们要为自己的行为承担怎样的后果。

这也是"极星"号探险队此次科考的重要目标之一：探寻气候变化的蛛丝马迹。"极星"号探险队在此次科考活动中所搜集到的数据，将帮助全世界的人们采取行动来应对气候剧变产生的后果。

这是 2019 年 9 月的 "极星" 号。
她正行驶在茫茫的北冰洋上，
开启一次史无前例的探险之旅。

炎热?!

← 气候变化正在改变世界

气候变化与每个人都息息相关，无论职业、年龄，无论贫富贵贱，甚至无论你是否关注我们共有的地球和气候有所变化。我们中的一些人，正在比其他人更快地感受到气候变化并更激烈地与之对抗——这取决于居住的地区，因为这种变化产生的效应在各个地区呈现出了不同程度的影响。

最重要的是，气候变化与你有关！今天的青少年儿童在未来将不得不面对愈演愈烈的气候影响。越来越多的青少年已经意识到了这一点——所幸，成年人也是。因此，他们要求国际社会采取行动应对全球变暖，以不同的方式来对待地球：作为我们的家园，我们必须更好地呵护它。他们要求政治和经济部门认真面对科学事实，并要求人类社会减少向大气层排放破坏气候的温室气体。就是现在，而不是等到如今的孩子们长成大人，不得不承受全球变暖的后果时。显然，并非所有人都对越来越多的拯救气候的承诺感到欣慰，也有人十分愤慨。几乎没有人爱听，是我们的不可持续的生活方式导致了气候变化的说法。

极端天气的频繁出现是气候变化的后果之一，直接给人类造成了巨大的影响。它不仅会在当下带来严重的损害，更会长时间地深刻影响人类和自然。

虽然否认气候变化的一派经常强调，极端天气是一直存在的！

话虽如此，但说出这句话的人势必忽视了一些问题。

极端天气虽然不完全是由气候变化引起的，但是气候变化却使其出现的频率增加，影响的程度增强。例如，干旱虽然曾经发生过，但是当干旱频繁发生时，自然界就没有足够的时间进行自我修复，土地越发干涸，植物由于缺水干枯更加易燃导致森林火灾、动物死亡或者被迫迁徙，农作物大量减产，食物短缺。诸如此类的影响会越发严重。

如果我们不拯救世界那谁来拯救呢

我们还需要小地球

没有第二种方案

拯救北极熊

这也是你的星球

创造生活♥而不是CO2

我们的星球
我们的未来！

有人见过他吗？

这是我们的未来

美国，2005 年夏季

卡特里娜飓风是美国历史上最具破坏性的自然灾害之一。新奥尔良州被淹没于近 8 米深的洪水之中。没有电，也没有饮用水，暴虐的飓风所到之处只有肆意的摧毁。

捷克和德国

2006 年初——一场巨大的洪水席卷易北河沿岸地区。

德国，2017 年秋季——风暴

泽维尔风暴在初秋时节突袭德国。树上还未凋零的叶子，为狂风的攻击提供了极其有利的条件，导致树木被连根拔起，并有 7 人在风暴中丧生。

德国，2018 年

有史以来最为炎热的一年！当年夏季，全国各地发生极端干旱。大量树木枯死，马铃薯作物产量与上年同比减少四分之一。

澳大利亚
2019 年夏季至 2020 年初

肆虐的森林大火持续了数月。33 人及数以万计的自然生灵在大火中丧生，火灾波及的面积超过德国国土面积（357022 平方公里）的三分之一。

非洲南部，2020 年冬——

极端干旱席卷非洲大陆的南部地区。动物们干渴无比，人类的食物和饮用水严重匮乏。

北极热点

气候变暖最快的地方

热浪和不断扩张的沙漠，具有破坏力的飓风和洪水，全世界各地的人们和地球都承受着气候变化的后果，然而，你知道在这个星球上气候变化呈现得最为剧烈的地区是哪里吗？答案是：

北极地区

是不是令人惊讶？

竟然会是这片以北极点为中心的冰区，它离人类群居生活的区域如此遥远，又是如何成为人为气候变暖的热点地区的呢？

事实上，北极地区变暖的速度至少是世界其他地区的两倍。在气温可以低至 −45℃ 的北极的冬季，变暖甚至比夏季更为明显。

平均温度在人为的情况下上升 2℃，是我们的世界可以包容的最大值。温度上升在 2℃ 之内，对生活环境不会产生恶劣的影响，也不会造成严重的破坏。因此，世界各国都试图将升温幅度控制在 1.5℃ 之内。但是在北极地区，这个界线却经常被打破，比如，在高纬度的位于挪威大陆和北极之间的斯匹次卑尔根岛上。

-4

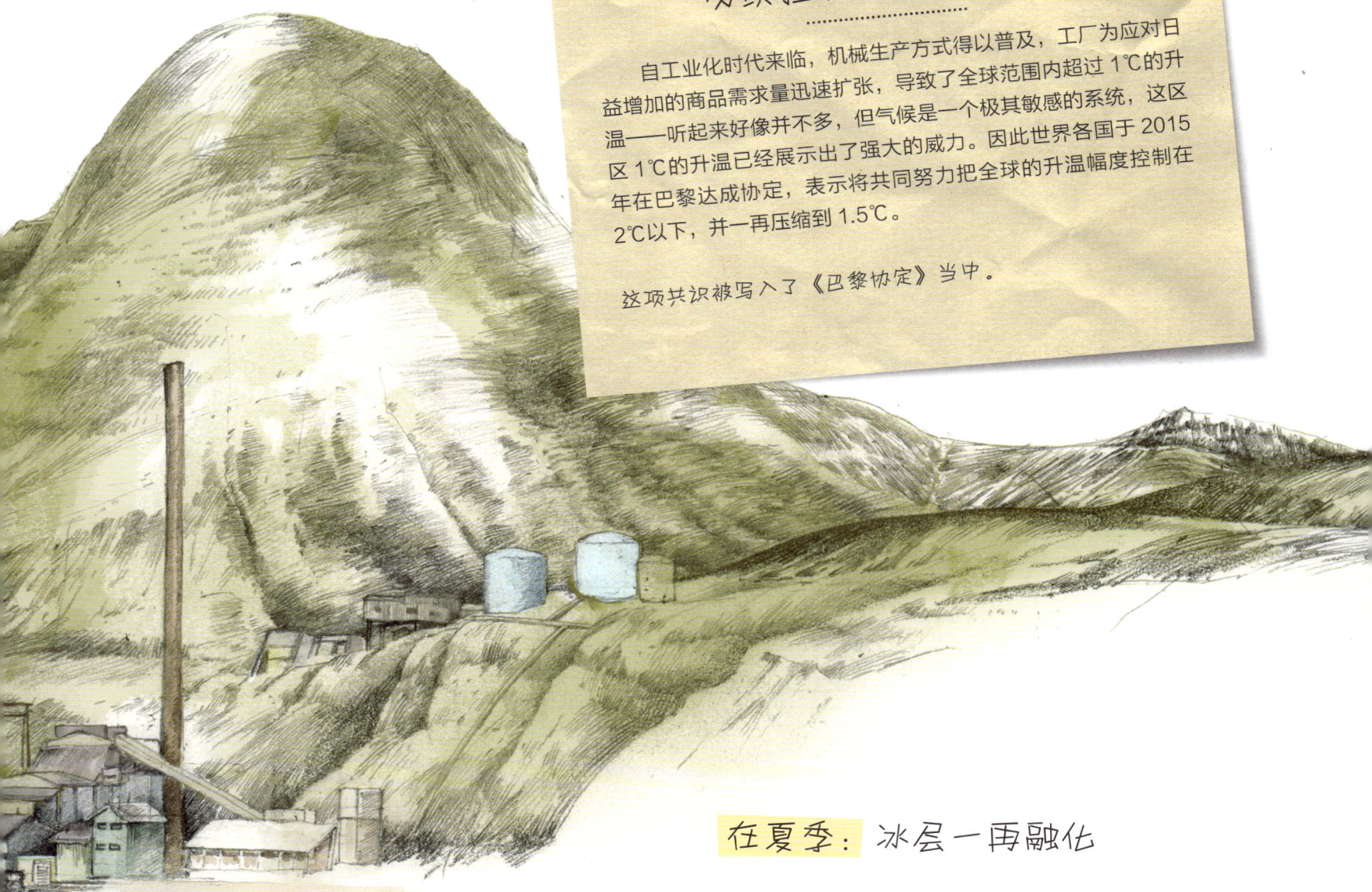

必须控制在 1.5℃ 之内

自工业化时代来临，机械生产方式得以普及，工厂为应对日益增加的商品需求量迅速扩张，导致了全球范围内超过 1℃ 的升温——听起来好像并不多，但气候是一个极其敏感的系统，这区区 1℃ 的升温已经展示出了强大的威力。因此世界各国于 2015 年在巴黎达成协定，表示将共同努力把全球的升温幅度控制在 2℃ 以下，并一再压缩到 1.5℃。

这项共识被写入了《巴黎协定》当中。

在冬季：北极熊岛的雨

斯匹次卑尔根岛以其壮美的冰川、冰封的冻原和在天空中闪亮舞动的极光闻名于世。同时，北极熊也是这里的一大特色。

岛上的北极熊数量众多，出没频繁，以至于人们不携带用以抵御北极熊攻击的器械是无法外出的。在这个岛上，有一个建满彩色小木屋的村庄，新奥尔松——位于欧洲最北端的村庄。村庄的居住者们都是研究人员，他们每天观察环境记录数据，以监测气候变化正在如何改变北极。

监测数据表明，自 20 世纪 90 年代以来，斯匹次卑尔根岛的平均气温上升了 6℃。当研究人员在冬季里透过新奥尔松的彩色小屋的窗户向外看时，窗外往往是在下雨而不是下雪。

在夏季：冰层一再融化

从高纬度地区的高空俯视，北极的变化肉眼可见。曾经，夏季的海冰也能在北冰洋上延伸得很远，宛若一条宽大的白毯覆盖在亚洲、欧洲和北美洲大陆之间。如今，冰面逐渐退去，夏季时，冰层所能覆盖的范围仅剩 40 年前的一半。

也许有人会问：

这和我们又有什么关系呢？

毕竟北极地区只是一个遥远的、人类无法生存的白色荒漠，现在只是变成了一片没有冰层的海洋，似乎没有什么区别？

如果气候变化对北极地区以及这里的人类和动物的生活环境的改变就如此之大，那么，这个议题就要比发问者的视角宽广得多。这种变化的影响势必至少会波及亚欧及北美大陆，所以你和我都在其中。

世界的天气厨房

北极似乎离我们非常遥远，但正如伟大的自然科学家、博物学家亚历山大·冯·洪堡在近 250 年前说过的那样，在地球上的一切事物都息息相关。 同时，北极地区的现状和欧洲地区之间的联系也要相对紧密得多。

我们可以把北极地区想象成北半球的天气厨房，那里的一点动作，就可以制造出欧洲、北美洲或亚洲地区几周乃至数月的天气。北极地区不仅会对短期内的天气产生影响，更会长期地持续影响着温带地区的气候——也就是所谓的，冷，但非极寒，热，但非酷暑，适宜动植物生存，同时也让我们人类感受舒适的气候。

冬季戴上帽子可御寒，夏季跳进水里可消暑，就是最让我们感到舒适的气候。

"在北极发生的一切，却不仅仅存在于北极。"
——马库斯·雷克斯，"极星"号探险队队长

许多人都不喜欢风，因为风时常给人带来烦恼。但是气候的平衡都要归功于风，准确地说是环绕整个北半球的高速气流。这条位于高空中的西风带，被称为"高速气流"，或是"喷射气流"，最高时速可达 500 公里。当我们在地面上也可以追寻到高速气流的踪迹时，你会发现由于这条气流的存在，风在大部分情况下都来自西边。

稳定的高速气流

德国在这里，温带的中部区域。

这道高速气流正好位于北极和温带之间，它受来自北方的冷空气和来自温带的暖空气的巨大温差驱动，起到了屏障的作用：它像一条无法逾越的、流速极快的风之河，将北极的寒冷阻隔在北方，将温带的温和留给我们。

但是气候的变化扰乱了这道高速气流，导致了温度的上升，尤其是在北极，这样温差就降了下来。

其结果是：高速气流在地球的北半球上空蜿蜒波动了起来。自工业时代开始以来，这条蜿蜒风带的波动幅度变得越来越大。

由于这些波浪形的轨迹，更多来自亚热带的热空气涌入波峰下方，并在相对更长的时间周期内停留在我们这里，造成了持续性的惊人高温。在"极星"号的北极之旅开启前的夏季，我们经历了一个阶段的热浪：2019 年的夏天是有记录以来第三热的夏天，它炎热到德国和法国因无法保证核电站设备的冷却而不得不将其关闭。下萨克森州的林根市以 42.6℃ 的温度创造了新的高温纪录。在大多数学校里，教室室温达到 27℃ 及以上就会停课！很显然，这一限制在 2019 年的夏天被打破了。

气候变化往往会造成这样一个为期数周的高温期，但它的另一面也同样令人震惊：当高速气流带蜿蜒行进时，来自北极的冰冷空气同样可以涌入波谷上方，并被带至我们所处的南部。在"极星"号启程之前，美国在 2019 年的冬季就感受到了这种北极寒流的袭击。在芝加哥，1 月份就达到了 -22℃ 的极寒温度！在寒风的影响下，体感温度低至 -46℃。这不再是添衣加帽就能解决的问题，而是威胁生命的天气。

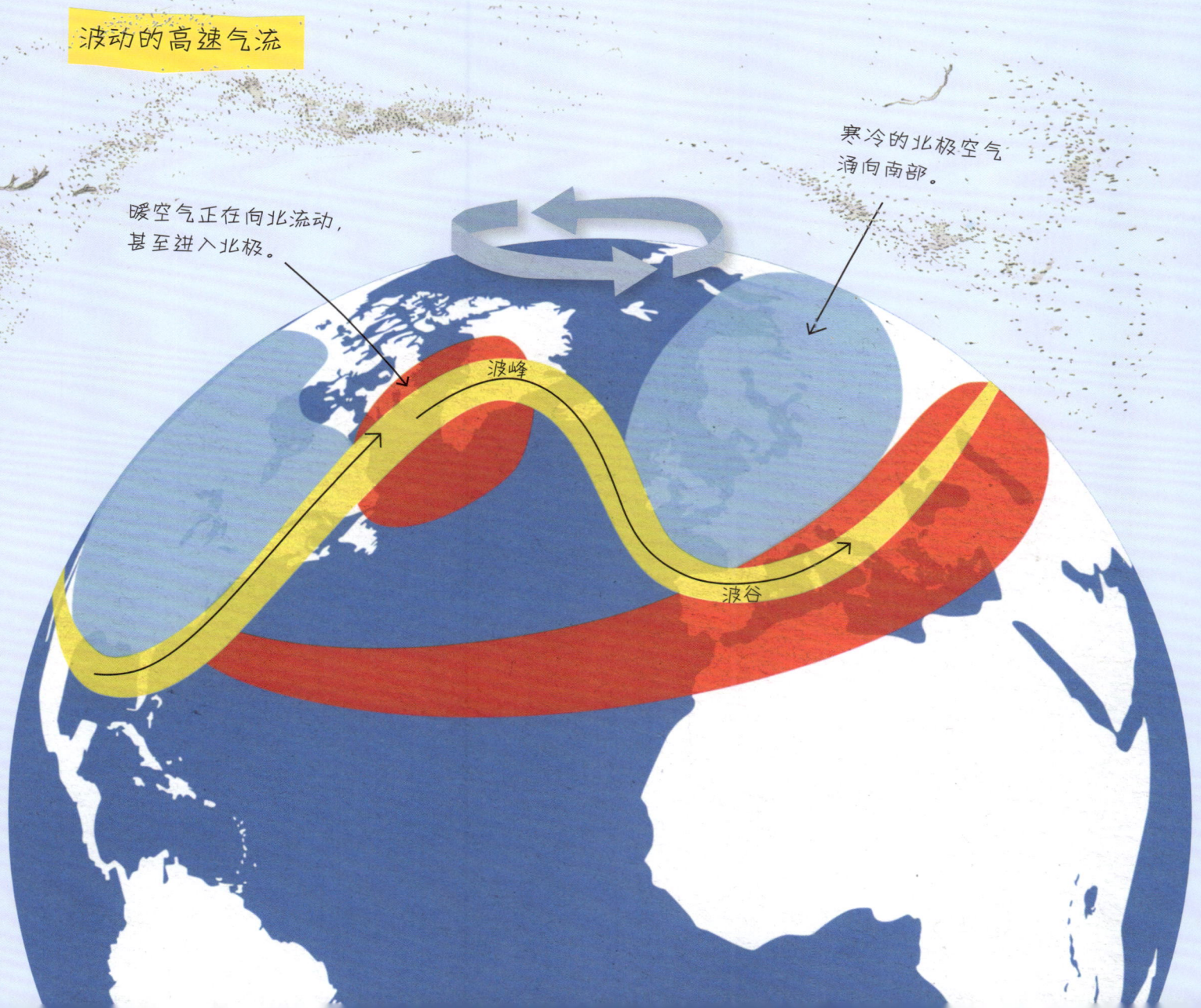

波动的高速气流

暖空气正在向北流动，甚至进入北极。

寒冷的北极空气涌向南部。

波峰

波谷

极夜下的秘密

没有比这更加漫长的夜晚了：暗夜潜入北极带来几乎半年的黑暗。严寒和风暴的咆哮随即在北极爆发，把这里变成地球上生存环境最恶劣的地区之一。漫长的冬季里，月亮和星星是仅有的自然光源。在月光的照耀下，无色的海冰看起来像是另一个星球上的奇异景观。"极星"号冒着风险驶入这未知的黑夜当中，因为极夜是气候系统中最大的谜团之一，但只有在这里，探险队才能找到问题的答案：气候正在如何变化？

地球的气候系统就像一幅巨大且繁杂的拼图。它由无数个单独的部分组成，这些部分又都是相互联系的。如果拼图的一块碎片发生了变化或者被改变——比如被我们人类改变——就势必会扰乱其与其他碎片之间的联系。如果这个变化足够剧烈，那么甚至可以影响到整幅拼图。

自从科学验证了是人类的行为引发了气候的变化以来，我们就一直在寻找着气候拼图当中所有发生了变化的碎片。世界各地的研究人员正在尽可能多地收集与气候相关的数据，然后花费大量的精力使用计算机程序进行复杂的数学运算，将这些数据进行组合、处理、分析，这就是他们建立气候模型的方式。

拼图——预测

一个气候模型其实是一种预测方式：整幅气候拼图是什么样子，如果拼图中的某一块发生了变化，未来又会是什么样子。已确定的拼图组成部分越多，能用以预测判断的数据就越准确，所做出的预测判断也就越准确。

到21世纪末，地球将变暖多少？北极地区将在其中发挥什么样的作用？

气候模型有助于解答这些问题。它就是被用于预测气候变化将如何改变地球的，而这一预测非常重要，因为只有当人们确切地知道将要发生什么的时候，我们才能更好地应对以保护自己免受气候变化后果的影响，例如极端天气带来的灾难，并且还能采取正确的措施，尽力遏制全球变暖。同时，气候模型也能显示出人类如果不做改变，继续之前的行为，又会发生些什么。

我们真的应该放任不管吗？

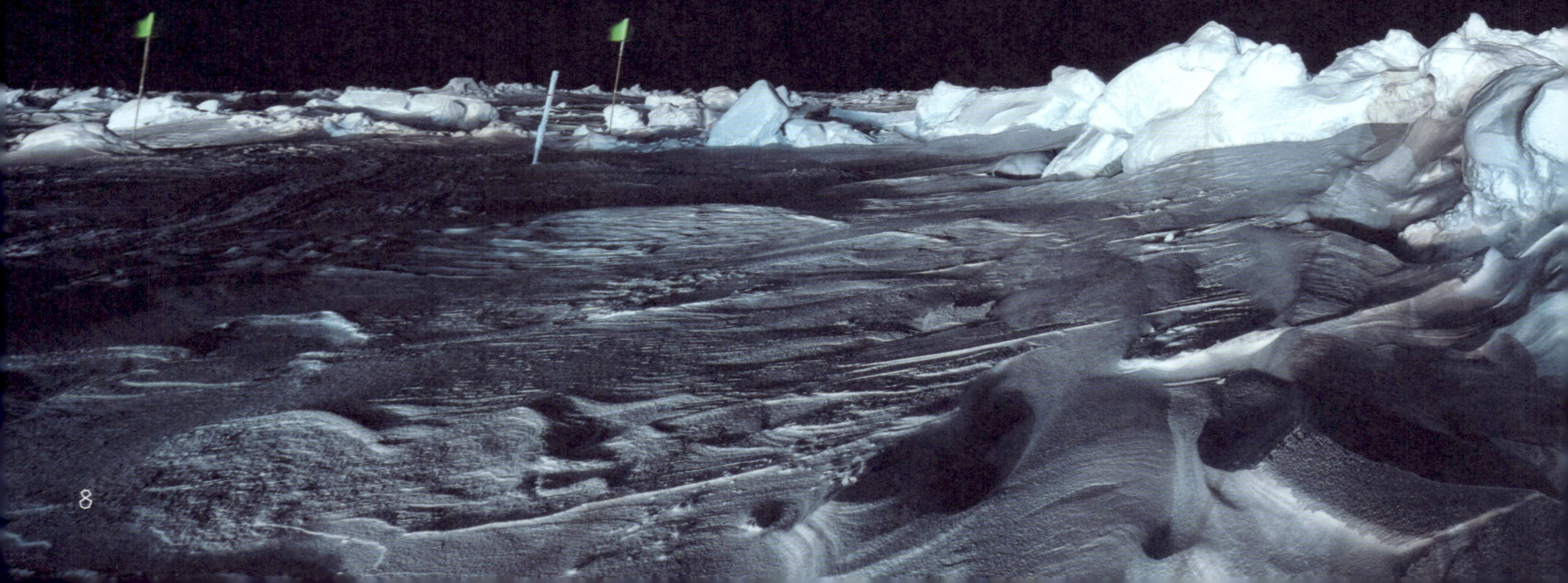

气候拼图中的盲区

在"极星"号的科考之旅之前，气候建模就有一个问题：来自北极地区的数据缺失。对科学家们来说，北极及周围地区是气候科学研究上的一个盲区。没有人确切知道北极的气候系统是如何运行的，或者它是如何被气候变化改变的。

极夜就是原因之一。一旦太阳没有出现在地平线以上，哪怕只是一次，气温就会下降到 -45℃。海冰坚固到连科考型破冰船也无法轻易前往。到目前为止，黑夜和冬天的冰是北极冬季科考的最大障碍。

至今，每当气候模型将北极地区纳入预测范围时，对那里都只能进行猜测。海冰、北冰洋和大气，乃至生态系统都与气候息息相关。但这些独立的系统在这种关联中，产生影响的方式又各有不同。基于预测，一些气候模型显示，如果我们持续现在的温室气体排放量，到本世纪末，北极会升温 5℃；而另一些则预测会有高达 15℃的升温！如果天气预报宣布，明天可能比今天平均气温高 5℃，也可能高 15℃，那么，我们根本就不知道明天该穿什么了。

猜测必须告一段落。"极星"号正在开往北极，为了寻找气候拼图中所缺失的碎片。此次探险中最重要的任务，是揭开极夜中的秘密，在黑暗中搜集到急需的数据，让科学家能够将它们用在气候模型中进行更准确的预测。

此次"极星"号探险必须填补上缺失的一块。

9

被冰包围

极夜里，庞大的冰群阻挡了通往北极的道路，即便是"极星"号这样最强大的科考型破冰船，也面临重重困难。过去，许多探险船都被迫折返——甚至陷入更糟糕的境地。尽管如此，"极星"号还是冒险挺进了极夜中的北极腹地。

在 9 月，当海冰最大限度地退去时，"极星"号在西伯利亚海岸探寻与冰层融为一体的方案。船长进行了一个非常规的操作：他关掉了"极星"号的引擎，只保持发电机组运转，让船和海冰冻在一起。

大自然掌控方向

在巨大海冰的包围下，这颗"极星"将在接下来的几个月内漂流穿越北冰洋。没有舵手可以保证船的航向，只有大自然本身来做导航。冰层首先会把船带到北极腹地，然后从北极地区的另一边向南返回——至少计划是这样的。如果能够成功，"极星"号在漂流了大约一年后会进入弗拉姆海峡，那是一片位于格陵兰岛和斯匹次卑尔根岛之间的海域。这样她就完成了一次完整的北极地区的穿越；探险队也会进行为期一年的观测和考察，观察北极气候系统在整整一年中发生的情况。

这项计划只有在人、船和自然的共同合作而不是相互对抗下才能完成。

"极星"号稳定坚固的船体，能防止船只在冰封期间被冰压碎。

10

冰的旅行线路

　　西伯利亚沿海的浅海区域被认为是海冰的诞生地。它们在这里凝结，变得更加厚实并形成浮冰，再被风和洋流慢慢地推向北极的中部，推往北极点。通常情况下，在两到三年的时间里，海冰沿着格陵兰岛以东的路线穿越弗拉姆海峡向南行进，抵达大西洋，并最终在那里融化。因为这种漂流穿越了极地地区——在拉丁语中被称为"Trans"，也被叫作极地冰漂。这次，"极星"号将与这些海冰同行。

　　但并非所有的海冰都会到达弗拉姆海峡。有一部分冰会选择加拿大和阿拉斯加北部的路线，进入波弗特流涡。这个巨型流涡可以使冰块打圈漂流多年，"极星"号在探险中要避免被卷入其中。

"费奥多罗夫院士"号

"德拉尼琴上尉"号

"特廖什尼科夫院士"号

"马卡洛夫海军上将"号

随冰漂流：
一个巨大的挑战

　　团队必须找到一块大小和厚度都合适的大块浮冰。然后"极星"号将落下冰锚并与其冻结在一起。

　　在海冰上还要建立一座研究营地，一座冰上小镇，它也会慢慢地漂流穿越海洋。但生活还是要在"极星"号上，因为冰上营地实在是太冷太危险了。

　　没有人能确切预知漂流将如何进行，"极星"号将会被带到哪里。如果一切顺利，这艘船和研究营地将进行一场数千公里的旅行。

　　"极星"号有巨大的货舱，但在漂流的过程中，每两到三个月就需要进行一次新鲜食物和货物的补给。

　　6艘破冰船和科考船轮流为冻在冰上的船提供补给。要实现这一点，它们自己也必须冒险深入北极。此外它们还定期为冰上探险队的交接提供帮助，因为"极星"号上只能同时生活100人。

"太阳"号

"玛丽亚·S.马瑞安"号

11

冰的漂流

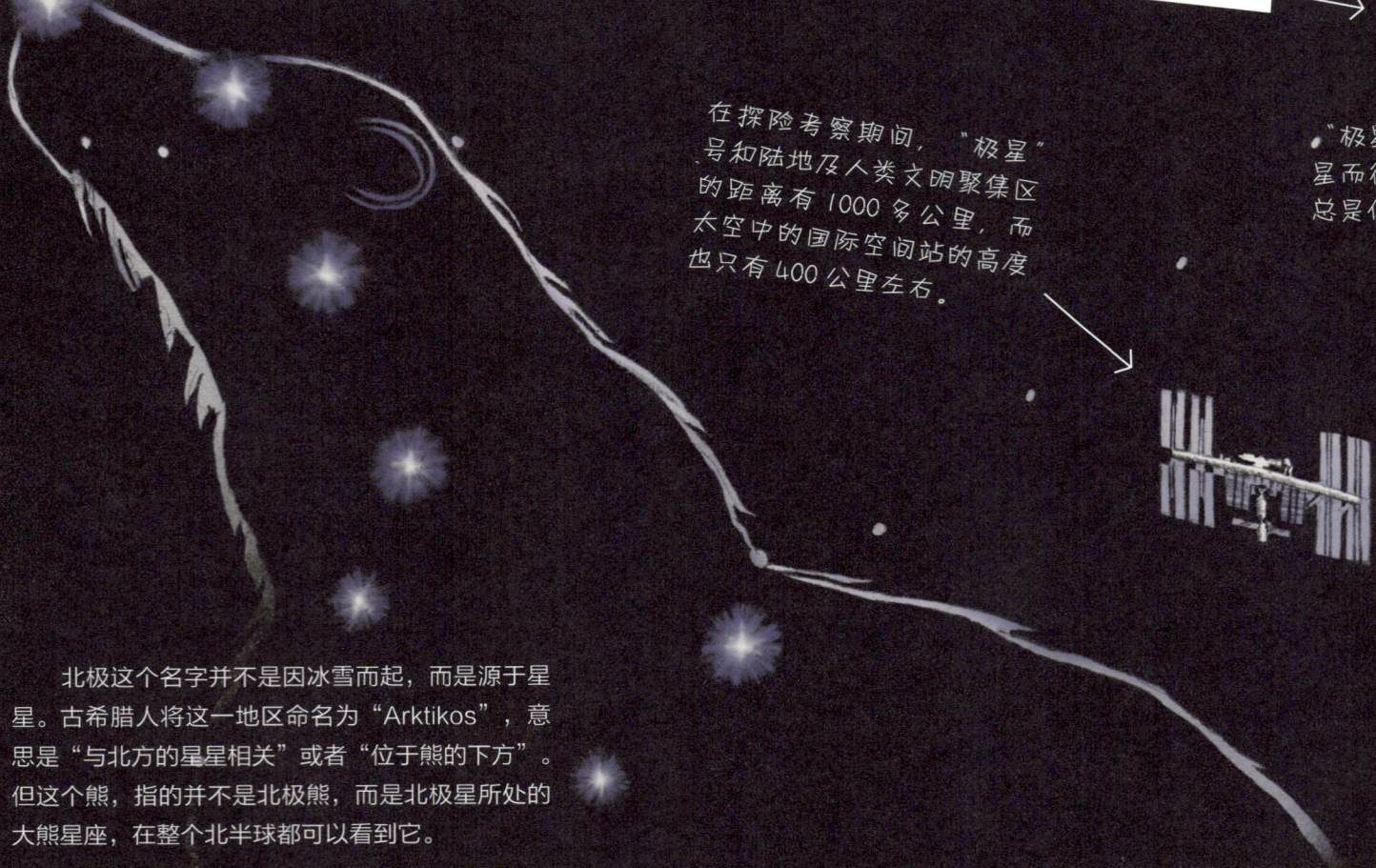

在探险考察期间，"极星"号和陆地及人类文明聚集区的距离有1000多公里，而太空中的国际空间站的高度也只有400公里左右。

"极星"号因北极星而得名，这颗星总是位于正北方。

北极这个名字并不是因冰雪而起，而是源于星星。古希腊人将这一地区命名为"Arktikos"，意思是"与北方的星星相关"或者"位于熊的下方"。但这个熊，指的并不是北极熊，而是北极星所处的大熊星座，在整个北半球都可以看到它。

极昼会在北极圈持续一天，但在北极点会持续半年。

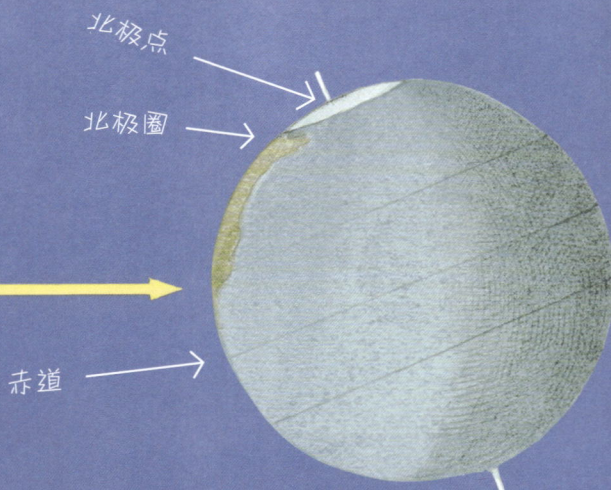

北极点

北极圈

赤道

在夏季的几个月里，"极星"号始终沐浴在极昼的阳光下。在午夜里也不会消失的太阳一天24小时都挂在天上。极昼与极夜之所以会发生，是因为地球自转的地轴是倾斜的。地球围绕着地轴自转，北极地区会在夏季时向着太阳倾斜，而在冬季时则背离太阳倾斜。

不落幕的午夜阳光。

在冬季的几个月里，"极星"号漂流在极夜的黑暗里。不过，这里不仅有最深沉的黑暗，在北极地区晴朗的夜晚，也经常会出现最绚烂的天体现象：北极光——太阳风致使大气层高处的分子闪亮发光。

阿拉斯加

加拿大

这里冻结着许多海冰，它们通过极地冰漂，向北极点行进。

俄罗斯

波弗特流涡

北极点

→ 海冰的极地冰漂

—— "极星"号靠近海冰

✻ "极星"号在这里将自己冻在了冰上，并开始随冰漂流。

"极星"号的漂流计划

格陵兰岛

计划的漂流终点

探险起始点
特罗姆瑟

北极圈

10℃－7月－等温线

挪威

在北极的中心是极冠和北冰洋。北极圈通常被认为是北极的边界线。但其实用 10℃－7月－等温线会更为合适：它将北极定义为一个气候区。其意义是：一般来说 7 月是一年中温度最高的月份，如果把 10℃－7月－等温线看成一条边界线，其北部地区 7 月平均温度在 10℃ 以下。这样的寒冷气候抑制了高大树木的生长，让这条线基本与植被线重合，使得北极地区没有成为树木的领地，而是被驯鹿和北极熊所主宰。

13

随冰漂流的发明者

让探险船跟随浮冰自然漂流穿越北极的念头，并不是一个全新的想法。事实上，在125年多前就已经有人提出了，而第一个实现这个想法的人，是挪威的科学家、探险家弗里德约夫·南森。

南森想要前往北极点，准确地说是想成为第一个抵达北极点的人，在那之前还从未有人探入过如此之深的北极境地。但南森仅仅是主观相信采用极地冰漂这种移动方式可以跟随浮冰的自然漂流穿越北极海域，因为这在当时只不过是一个未经验证的理论。于是，他策划了历史上第一次漂流探险。

当南森宣布他要把船冻在浮冰上时，同时代的人们都觉得他疯了，这是一个多么愚蠢的计划。但南森觉得可行，并找到了一些证据，以证明这个计划是有可能成功的。

1879年，一艘名为"珍妮特"号的美国军舰从白令海峡出发前往北极。但美国军舰"珍妮特"号并没有走得很远，就如同火柴一般被大块浮冰封住压垮。一段时间后，一些残存物品被发现：一本支票簿、一个帽徽和一份补给清单随冰逐流。发现地在北极的另一边，位于格陵兰岛的西南端，距离出发地几千公里。

这引发了南森的思考，那是怎样的一种可能呢？遗骸一定是随着洋流抵达了大洋彼岸，至少理论上应该是这样。这点燃了南森的激情。多亏了这股洋流，让漂流至北极点的设想突然变得可行了。那时的人们，对北极的了解比对月球表面的了解还要少。至少用望远镜可以观测月球，但却还没有人抵达过北极点。当时，关于北极有无数奇异的传说，甚至有人描述那是一个由温暖洋流滋养的伊甸园。从今天的角度来看，这是一个多么奇怪的传说……

美国军舰"珍妮特"号的沉没地点 1881年6月

美国军舰"珍妮特"号残骸的发现地点 1884年6月

"前进"号原计划的路线，于 1893 年开始

　　周遭的质疑并没有让雄心勃勃的南森感到气馁。他更需要的，是一艘特殊的船和一支装备精良的团队，否则他的北极探险计划一样无法成功，北极残酷的冰群已经导致许多船只的沉没，让船员们在冰冷中绝望地丧生。于是南森和著名的船舶制造师科林·阿彻一起设计了一艘伟大的船：Fram（即挪威语中"前进"的意思）。

　　为了避免遭受冰群的围剿，船体要像"鳗鱼般光滑"。木制帆船"前进"号就是这样被建造出来的，由于船体的圆形设计，在被冰挤压的情况下，船会向上浮起而不是被压垮下沉。她会"滑脱出冰的怀抱"，如同南森自己描述的那样。这个设计非常巧妙，但并不会使"前进"号变得美观：船腹宽大而显得笨拙，毕竟她还搭载了一台用于推进的蒸汽机。

　　目前为止一切顺利。那么南森大胆的计划能够成功吗？

"前进"号的大胆之行

1893年6月，年仅32岁的南森带着12名主管船员乘坐"前进"号起航。很快，他们就抵达了冰区，顺利骑上冰层并毫发无伤地与之冻结在一起，开始了真正意义上的漂流。不过刚开始时船只是转了几个圈。

南森对此深感失望，因为在他看来，自己作为一个科学家和探险家的身份即将被否定。好在这艘船最终进入了其他漂流方向——这项大胆的计划终于步入正轨。球形船体的"前进"号被冰块托起，几乎是骑在冰上漂流过海。它把南森的探险队带到了以往任何船只都没有抵达过的纬度更高的北方！这位来自挪威的科学家取得了开创性的成功。

"前进"号的设计与建造十分巧妙。她的外壁安装了由柏油毡、软木制成并嵌入了松木板和密气油毡的隔热保温材料。按照南森的豪言，无论是在0℃还是在−30℃的情况下，他们都不需要在穿越北极的旅程中给船加热。事实也证明，"前进"号是一艘名副其实的探险船，著名的探险家罗尔德·阿蒙森之后带着她抵达了南极点。这艘伟大的船唯一的缺点是：由

于整体形态特殊，她在海浪中摇晃得非常厉害，即便是强悍的航海老手也招架不住，经常被挂在栏杆上。

一战成名的不仅仅是"前进"号，还有南森本人。他的漂流探险是划时代的。南森和他的团队带回了一个珍贵的科学数据库，尤其是海洋科学数据。

在"前进"号的探险之前，科学界曾认为北极是一个浅水区。为了测量其深度，南森团队放下一根铅垂线——结果令人大吃一惊。铅垂线迟迟不能触底，他们不得不把船上所有绳索和钢丝绑在一起。大约在4000米的时候，它终于接触到了地面——这对探险者来说是多么巨大的惊喜啊！

南森思路清晰，从中得出了结论，也可以说是开创了现代气候研究的先河。他觉得：如果海洋比预期的要深得多，那么在这遥远的北方一定囤积着大量的水。这就意味着，北冰洋对气候的影响远比我们想象的要重要得多。

南森还意识到，我们对全世界海洋的了解还过于匮乏，尤其是对北冰洋地区。

弗里德约夫·南森，
探险队队长

奥拓·斯维尔德鲁普，
"前进"号船长

特奥多尔·雅各布森，
"前进"号舵手

西哥德·斯科特·汉森，
气象学家、
地球物理学家

亨利克·布莱兴，
医生、
植物学家

弗雷德里克·哈尔马尔·约翰森，
司炉工、
驯犬师

甲板上的风车为
"前进"号供电

伊瓦尔·莫格斯塔德，
机械师

拉尔斯·彼得森，
工程师

伯恩特·本特森，
辅助工人

阿道夫·朱尔，
厨师

安东·阿蒙森，
总工程师

佩得·亨利克森，
鱼叉手

伯恩哈德·诺达尔，
电工

南森的北极大冒险

1895 年，当南森在冰封中漂流时，曾非常满意，但事情也有不尽如人意之处。直接抵达北极的计划并未成功。在"前进"号漂流了 18 个月后，南森意识到：他们的漂移开始向南进行了——离北极越来越远！

但这并不能阻止这位雄心壮志的探险家。他立刻制订了另一个大胆的计划：在船员哈尔马尔·约翰森和 28 条狗的陪同下，南森带着皮划艇和 3 驾雪橇，离开了"前进"号。尽管让人难以置信，但事实就是：他们打算靠徒步的方式抵达北极点。

在几周的时间里，两人日复一日地在冰上向北跋涉。他们带着装备从一块浮冰跳到另一块浮冰上，遭遇了北极熊并且幸存了下来。他们在皮划艇上被海象袭击，海象用牙齿刺破艇身导致皮划艇沉没。

1895 年 4 月初，他们不得不怀着沉重的心情放弃了计划。他们无法征服冰层，只得打道回府——可是怎么回呢？"前进"号早已不知道漂流到哪里去了。

经历了艰苦卓绝的旅程，他们抵达了法兰士约瑟夫地群岛，幸好是在极夜刚刚降临的时候抵达了，否则在极夜的笼罩下他们必死无疑。在一个地洞里，靠浮木和海象皮的保护，他们度过了寒冷的冬天。他们以北极熊和海象为食。他们的狗早就死了：为了能保住更多的狗，他们只得把已经奄奄一息的喂食给了其他的狗——那是经过反复考虑的。但后来它们还是一只接一只地死了。

疏根
弗林特
斯多哈文
弗雷亚
斯约里
比耶尔奇
巴拉巴斯
苏丹
潘
卢森
乌伦卡
卡塔
科韦克
巴罗
布洛克
博纳
哈恩
凯法
古伦
巴巴拉
利勒文
伊斯比尔
派佩图
纳里法斯
凯文德弗凯特
波蒂法尔
利维杰格
科拉普斯朗根

就在他们准备再次出发之前，另一个意外发生了：他们的皮划艇带着他们所有的装备松脱了。南森觉得，这简直就是末日，于是他跳进冰冷的水里抢回了皮划艇，据说还顺手猎杀了两只海雀当晚餐。

至少南森在他的日记中是这么写的。当时的极地探险家们真的对所有北极水域了如指掌。

尽管经历了千难万险，南森和约翰森还是活了下来——他们两人在冰天雪地里度过了漫长的 15 个月。尽管他们迷失在世界最偏远的地方之一，但还是被一支探险队发现了。据说探险队队长在见到这位穴居野处的探险家时，兴奋地喊道："你是南森吗？真高兴能见到你！"

岛上的拯救

法兰士约瑟夫地群岛是全世界最北端的群岛。在南森的时代，这里还是一片偏僻的冰封之地，被北极熊所占领。这两位探险家居住过的地洞至今还在，浮木依然位于其附近，边上还有一根熊骨，是他们微薄的食物中剩下的残骸。但法兰士约瑟夫地群岛依然发生了变化。在温室效应的影响下，即使在夏季也会阻碍船只前行的浮冰早已退到了更北的区域。

另外，"前进"号和她的船员们，在经历了三年时间的漂流后，安然无恙地回了家。

19

探险日志

← "极星"号的

日期： 2019 年 9 月 20 日，第 1 天
位置： 北纬 69°，东经 18°
气温： 5.6℃

起航！在挪威的特罗姆瑟，我们挥别了亲人和朋友，要随"极星"号一路向北远征了。我们的目标：潜入北极腹地。即便是探险队里的探险老手们，也像新手一样兴奋不已。追随着探险家弗里德约夫·南森 126 年前漂流探险的足迹，我们这次的漂流计划能够成功吗？

日期： 2019 年 9 月 22 日，第 3 天
位置： 北纬 75°，东经 44°
气温： 1.2℃

昨天夜里，美妙绝伦的北极光在我们头顶的夜空中尽情飞舞。我们的航行将继续北上。

日期： 2019 年 9 月 25 日，第 6 天
位置： 北纬 81°，东经 107°
气温： -1.3℃

撞击声逐渐传遍船上的每一个角落，我们到达了冰层覆盖的地带。"极星"号在冰面上小心翼翼地破冰前行。

日期： 2019 年 9 月 27 日，第 8 天
位置： 北纬 82°，东经 119°
气温： -2.1℃

破冰船对接成功！今天我们成功与俄罗斯护航船"费奥多罗夫院士"号会合。借助卫星地图的帮助，我们将一起寻找一块合适的浮冰，让"极星"号与之冻结在一起。这个寻找的过程需要多久，我们都拭目以待。

日期： 2019 年 9 月 29 日，第 10 天
位置： 北纬 84°，东经 136°
气温： -4.7℃

乘坐着直升机，我们多次在海冰上空飞行。我们的直升机王牌驾驶员谨慎地将飞机平稳地降落在冰面之上。之后，科学团队冒险下到冰面，采用钻孔的方式测量冰层厚度。至今，我们还没有成功找到合适的浮冰：冰层的厚度一直比我们预期的要薄很多。

日期： 2019 年 9 月 30 日，第 11 天
位置： 北纬 85°，东经 137°
气温： -7℃

我们还在一直寻找合适的浮冰。迄今为止测量过的浮冰都还太薄了，不足以支撑在上面搭建一座科考营地。这也难怪，据测量数据显示，上一个夏天是有史以来最热的夏天。

日期： 2019 年 10 月 1 日，第 12 天
位置： 北纬 85°，东经 136°
气温： -7.1℃

继续寻找合适的浮冰，继续失败。我们是一支国际团队，有各自的母语，但是现在无论用何种语言，讨论的都是同一个话题：逐渐消失的海冰。

日期： 2019 年 10 月 4 日，第 15 天
位置： 北纬 85°，东经 137°
气温： -13.4℃

从卫星地图上来看，一块浮冰大有希望。终于，我们找到了合适的浮冰！在接下来很长一段时间里，它不仅是我们的研究对象，也是我们暂时栖息的家园。"极星"号小心翼翼地嵌入浮冰，现在已经落下冰锚，"极星"号渐渐被冻在冰上。我们的漂流开始了！

日期： 2019 年 10 月 6 日，第 17 天
位置： 北纬 85°，东经 133°
气温： -7.8℃

当我们随着浮冰开始了漂流的第一步时，漫长的极夜还未到来，太阳的光辉还在地平线上闪耀。我们要和即将沉入地平线下的太阳抢时间了：必须在黑暗完全降临之前把冰上营地建造完成。

日期： 2019 年 10 月 9 日，第 20 天
位置： 北纬 84°，东经 135°
气温： -14.3℃

我们用旗帜在冰上标识出安全的路线，风为我们的工作增加了不少难度。天色越来越暗，天气也越来越冷了。

日期： 2019 年 10 月 11 日，第 22 天
位置： 北纬 84°，东经 135°
气温： -12.3℃

今天，一只北极熊妈妈带着孩子们来到营地视察，虽然我们必须快速疏散，但这次拜访却让我们欣喜不已！

日期： 2019 年 10 月 17 日，第 28 天
位置： 北纬 84°，东经 132°
气温： -12.3℃

我们正在工作，突然传来了一阵奇怪的声音，紧接着一条裂缝穿过了脚下的浮冰。我们必须小心了，得密切地关注接下来的情况。

日期： 2019 年 10 月 24 日，第 35 天
位置： 北纬 85°，东经 128°
气温： -15.3℃

完成了！我们在极夜的黑暗降临之前准时完成了营地的建造。但是浮冰并不稳定，常有断裂的咯吱声。当我们开始科考活动时，必须特别小心，毕竟冰是在不断移动的。

日期： 2019 年 10 月 27 日，第 38 天
位置： 北纬 85°，东经 126°
气温： -22.6℃

一路向北！在绕了一个圆圈之后，海冰带着我们开始向北极点的方向漂去！

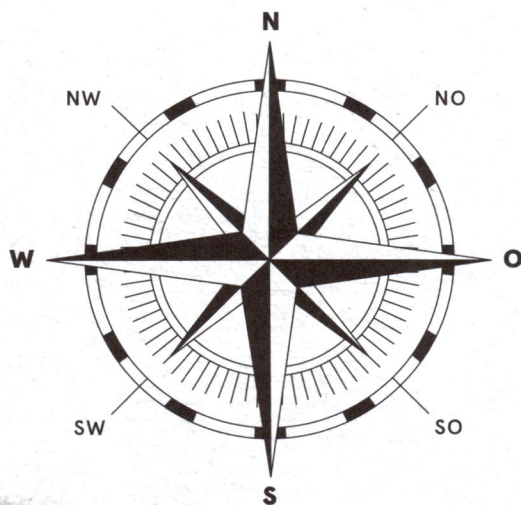

"极星"号破冰船

　　"极星"号破冰船于 1982 年投入使用，如今已是一名稍显年长的女士了，但她仍然是全世界最好的最可靠的科考型破冰船之一。她不仅是德国不来梅港阿尔弗雷德－魏格纳极地与海洋研究所的旗舰，也为全德国的极地科考领域效劳。

　　在科考探险期间，她是 100 个人在北极寒冰上温暖的家，人们在这里生活，吃饭，睡觉。同时，"极星"号上也配备了先进的仪器设备和完善的实验室，为科学家们提供了一个可以进行科学研究的工作场所。作为一艘破冰船，她可以航行至其他船只无法抵达的危险冰区。

118 米长

1 船首

"极星"号可以在 1.5 米厚的冰层中破冰穿行，如果遇到更厚的冰层，她会进行冲撞破冰。船首用钢板进行了加固，由于厚重的加固钢板，"极星"号的自重非常重，吃水深度可达 11 米。

2 补给舱

船上 100 个人的食物都存放在这里。

3 厨房

主厨就在这间船上的厨房里工作，他和他的团队为大家烹制品种丰富的食物。每天早上的小面包都是他们新鲜烘烤的。

4 蓝色沙龙

重要的会议都在这里举行。这里还设置了一个图书馆，有很多关于极地科考历史的书籍供人阅读。

5 餐厅

在海员的说法中，餐厅是一个集用餐和休息功能于一体的地方。丰盛的餐食在艰苦的冰上探险中显得尤为重要。

6 医务站

船医和护士会处理日常可能发生的伤病。船上甚至还有一间设备齐全的手术室，毕竟，探险队距离大陆实在太远，一旦发生紧急情况无法迅速飞到就近的医院。

7 罗经甲板

这里放着舰桥顶部的特殊仪器，会把重要的航海数据传输给卫星。

8 桅楼

在这个"极星"号的最高瞭望点上，人或者仪器都可以密切关注周围的环境，比如鲸鱼的出没和周围海冰的状况。

9 实验室

这里有各种分析仪器，研究人员们在船上就可以分析和评估数据。

10 实验用冰储藏箱

这里存放着科学家们提取的冰样，保存在 −20℃的环境中，防止其融化。在北极的冬天里，这里竟然比外面要暖和一些。

11 工作台

一些研究使用的科学仪器从这里被放置到水中。为了防止地板上形成湿滑的冰层，有地暖对地板进行加热。

12 绞盘

利用绞盘可以把仪器和工具放置到数千米深的海水中。

13 大型起重机

这架起重机一次可以升降 25 吨的物品，包括仪器、集装箱，甚至是雪地履带车。

14 机械舱

四个主发动机的总功率达到 20000 马力。我们做个对比：一辆现代化的汽车平均只有 150 马力，一个人悠闲地踩着脚踏车的时候大约形成 0.1 马力。

15 货舱

在船腹中可容纳大量货物的空间。为了避免混乱，我们有着有条不紊的装载计划。

16 舰桥

舰桥是船上的指挥中心，船长和他的船员们在这里掌舵并持续关注海况和冰况。

17 大桅灯

在极夜里，桅灯是为数不多的可用的强大光源。

18 船载气象台

重要的天气情况在这里被预报出，"极星"号的船员们能更好地知道他们是否可以安全地在冰上作业或者是否又有一场风暴即将来临。

19 直升机停机坪

"极星"号可以搭载两架直升机。

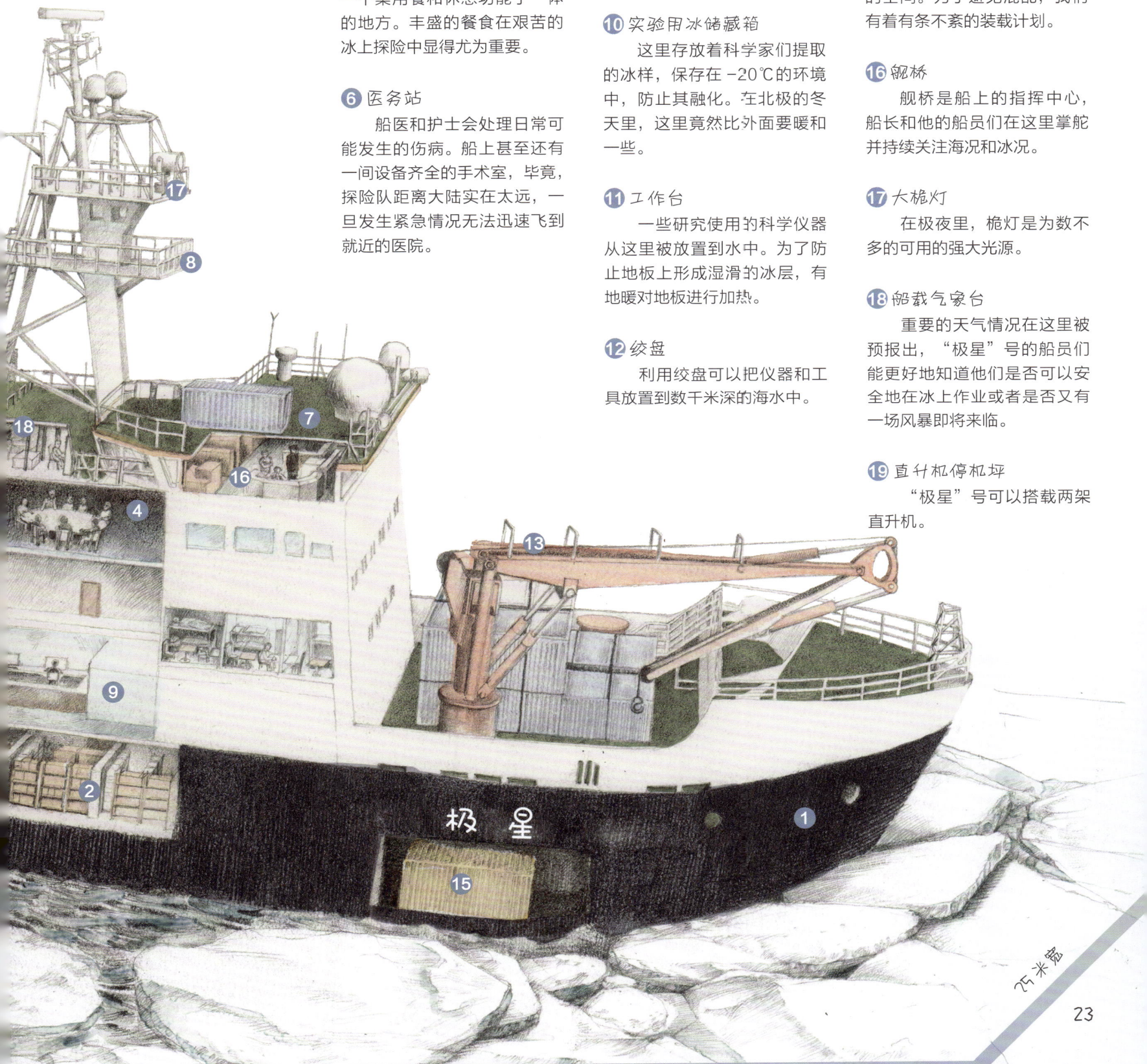

极 星

"极星"号探险队

时至今日，北极探险依然要冒着巨大的风险。在北极严酷的环境中，足够的勇气、严谨的态度和丰富的经验，对科考工作来说都显得尤为重要。"极星"号有着一支配置极其全面的团队：来自不同国家和地区、处于不同年龄段的人们在各自不同的工作岗位上，各司其职。

医生
无论是骨折还是阑尾炎发作，医生随时为应对紧急情况做好准备。

直升机驾驶员

博士研究生
作为这条船上年纪最小的人，她正走在成为一名伟大的科学家的路上。

气象学家
他和他的同事们一起进行重要的天气预测。

摄影师
她负责把此次科考探险留在世人的记忆中。

海洋科学团队队长

大气科学团队队长
他掌握着来自自己团队的科考概况。

北极熊巡视员

女摄影师

海冰科学团队队长
她负责协调海冰团队的科考活动。

北极熊巡视员

直升机机械师

地球生命化学团队队长

总飞行师
能在北极地区驾驶直升机的，必须是一名王牌飞行员。

后勤主管
她带领她的团队安排船上和冰上营地的所有物资。

20个国家的人参与了科考活动，毕竟气候变化是波及全世界的。

MOS
International
Arctic Drift
Expedition

24

机械师团队成员

工程师和机械师们负责维护"极星"号强大的柴油发动机组，他们用耳听和手触的感知方式就可以判断发动机组是否在正常运行。

二副

他主要负责航海安全，时刻关注着行船中的危险隐患。

无线电操作员

官方的称谓是通信专员，但是无线电操作员听起来更加贴切。他主要负责与外界联络，大部分情况下是卫星通信。

船长

他是整艘船和所有专员的总负责人，通常情况下可以在舰桥看到他的身影。

点心师

凭借其巧手制作的小面包和小点心，在船上人见人爱。

护士

她是船上医生的左膀右臂，在小伤小痛的情况下，她也会独立处理。

探险队队长

本次大型北极科考探险活动的总指挥，为此次科考做出大量重要决定并统筹整个冰上营地的建造事宜及活动安排。

大副

他和另外三位海员轮流在舰桥承担瞭望的任务，实际上他们负责开船，船长只会在行船难度很大的情况下接管。

主厨

船员们一致认为，厨务团队是整艘船上最重要的团队，没有之一。

水手

甲板团队成员，操纵起重机和绞盘等大型机械设备，以辛勤的工作默默支持科考探险活动的顺利进行。

船上厨师长

生态系统团队队长

水手长

负责维护"极星"号的技术设备。

乘务长

她领导着整个乘务团队，负责船上所有人员的日常生活。在船上的便利店里，可以找她买到巧克力。

北极熊巡视员

在冰上作业期间，北极熊巡视员会时刻关注是否有北极熊靠近工作人员。

探险队条幅

大型探险队都会有自己的条幅。我们这个探险队名为MOSAiC，与"马赛克"一词谐音，也与我们像"马赛克"一样嵌入承载着科考营地的浮冰相得益彰。

乘务员

后勤团队洗衣房工作人员

网络管理员

全称实际上是网络系统管理员，他负责全船IT系统的运行。

25

旧时兽皮，今日科技

有备才能无患。在北极可没有五金店和服装店，如果把应急的钻冰器材和保暖内衣忘在家里了，结果可想而知。

弗里德约夫·南森，1894 年

南森和他的伙伴们没有现代科技的保暖服装，但是他们认真研习了北极地区原住民的穿衣方式。为了应对严寒，他们把自己像洋葱一样层层包裹起来，层与层之间形成气垫般的保温层，将寒冷隔绝在外。

南森穿得十分保暖，在 1894 年的探险日志中，他写道：

我竟然热得汗流浃背。

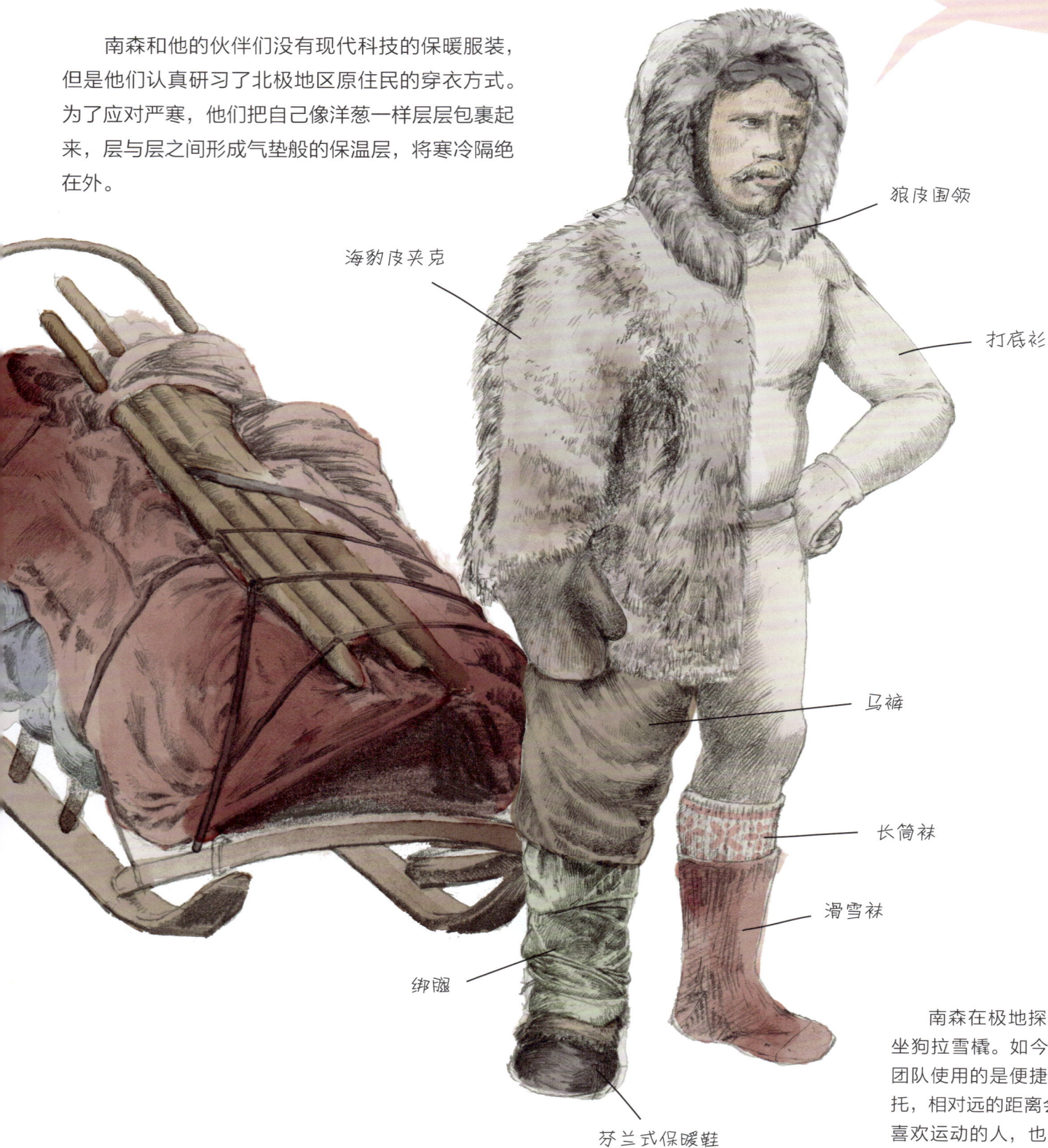

狼皮围领

打底衫

海豹皮夹克

马裤

长筒袜

滑雪袜

绑腿

芬兰式保暖鞋

南森在极地探险的方式是乘坐狗拉雪橇。如今的"极星"号团队使用的是便捷高效的雪地摩托，相对远的距离会使用直升机。喜欢运动的人，也经常采用滑雪作为交通方式。

"极星"号科考团队，2020 年

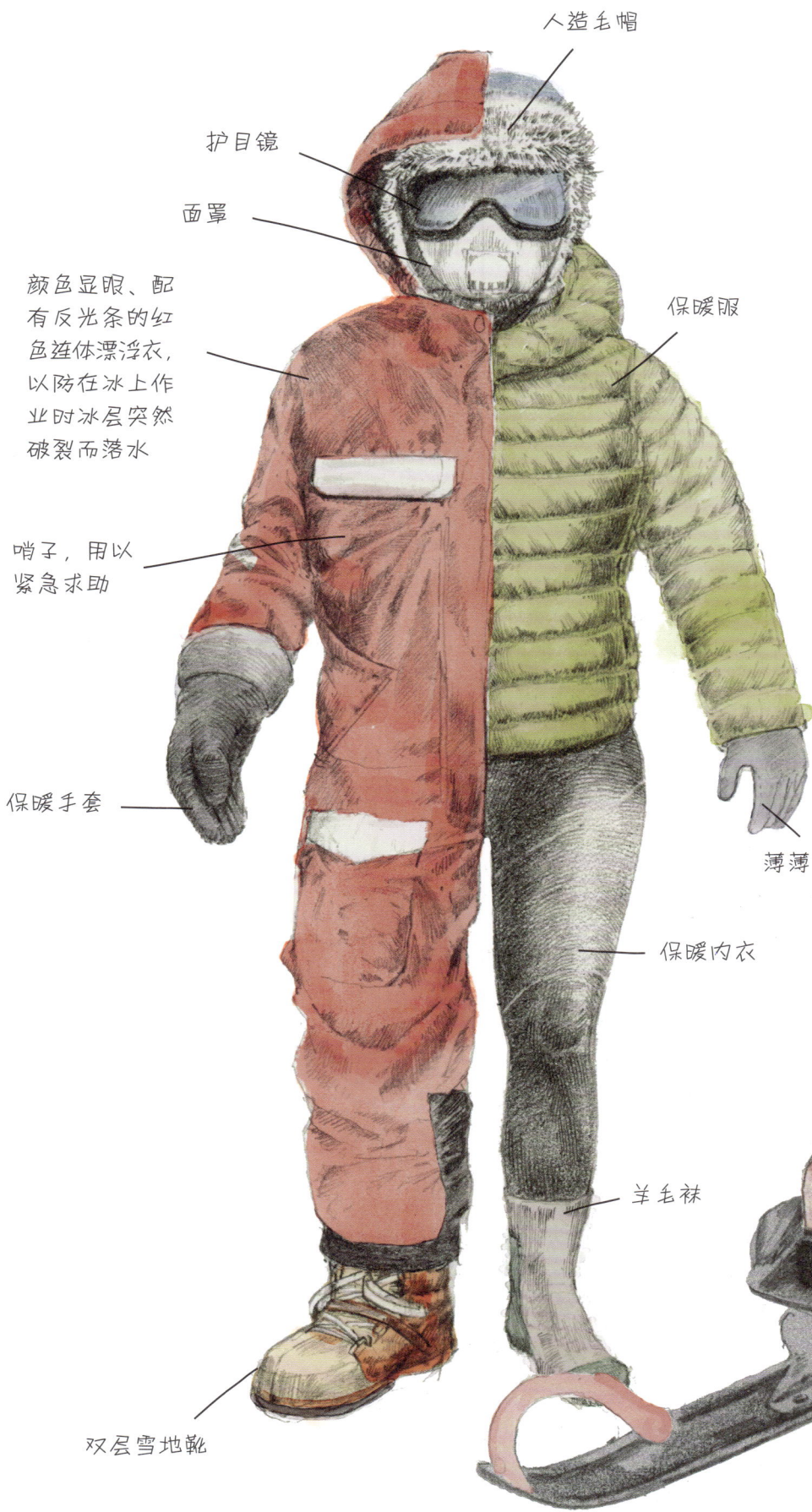

人造毛帽

护目镜

面罩

颜色显眼、配有反光条的红色连体漂浮衣，以防在冰上作业时冰层突然破裂而落水

保暖服

哨子，用以紧急求助

保暖手套

薄薄的内层手套

保暖内衣

羊毛袜

双层雪地靴

必备，冰上作业随行物品：

绳子：用于落水救援

刀：任何类型野外活动的必需装备

头灯：在极夜里工作时释放双手的便捷工具

信号枪，来复枪：用于吓退北极熊

无线电：保持和"极星"号的联络

铅笔和便笺本：因为严寒会使圆珠笔无法出墨

保温杯：用于携带热饮，一大口热饮下肚，会迅速暖和起来

巧克力：用于在冰上作业期间迅速补充体力

27

破冰船上的生活

2019年10月9日

极地科学考察工作是一块难啃的硬骨头，随时崩裂的冰层，风暴，严寒，北极熊，在深深的积雪里前行……同时对专注力和体能方面也要求严苛，幸好在"极星"号上，有各种方式可以让人在工作之余放松身心。

如果饿着肚子，会冻僵的。所以在北极地区吃饱吃好尤其重要。餐厅里一天会提供四次餐食。

大概在这个位置把钥匙丢了

餐单

早餐
新鲜烤制的小面包
果酱、奶酪、香肠等面包配餐
什锦麦片

午餐
肉饼或者蔬菜饼
配煎土豆及蔬菜

下午茶
咖啡、茶
蛋糕、点心

当然都是自制的

如果船上还有足够的蔬菜的话

晚餐
新鲜面包配冷盘，
配各种蔬菜

周日
"称重俱乐部"
继续开放

"极星"号的伙食绝佳，快速助长了"探险队体脂率"。参与"称重俱乐部"的挑战者，先要估计自己的体重，再进行称重核对，估错者一次罚款 50 欧分。当我们结束科考回到陆地时，会将这笔钱做公益捐赠。

国家区号

俄罗斯	+7
德国	+49
瑞典	+46
挪威	+47
瑞士	+41
美国	+1
日本	+81
奥地利	+43
比利时	+32
丹麦	+45
芬兰	+358
法国	+33
荷兰	+31
波兰	+48
	+34
大不列颠及北爱尔兰联合王国	+1
人民共和国	+86
	+82

对气候尤其关注的人，一般都选择素食，因为素食制品的加工对气候更加友好。

北极地区的通信

国际空间站的宇航员是可以通过视频电话和地球上的家人通信的，但从北极腹地到人类聚集生活的地区的距离实际上要比空间站与人类社会的距离远得多。所以我们只能通过杂音很大的卫星电话和家里联系。

钥匙找到了

1月9日

星期四

海员们的星期日

这个海上的周四，被视为海员星期日。也就意味着，今天的餐食会尤其丰盛——在"极星"号上，我们保持着这项传统。早餐可以自选，要煎蛋还是要炒蛋自己说了算，当日的甜品甚至还有冰激凌！

严格禁止遗留任何食物残渣！在冰上作业期间绝对不允许食用任何食物，但凡有一点食物残留，都会吸引北极熊的到来！

极地供给

想在极地生存下去，我们就必须储存大量的食物。遗憾的是新鲜的蔬菜和水果对保鲜的要求过高，但新鲜的鸡蛋我们可以保存数月之久。当然，这也是因为我们采取了每周把鸡蛋翻转一次这样的储存办法。

鸡蛋供词侧翻过11月11日船长留言。

小憩一下

探险队的工作是昼夜不停的，船上也有很多的消遣方式，可以供人小憩一下：

桑拿房绝对是一天冰上作业后的最佳选择。

你们昨天看到摄人心魄的星空了吗？

床位和舱房

每两人合住一个房间，这种房间海员用语叫"舱房"。每个舱房都有独立的洗手间，可以洗澡。在冰上作业期间，如果想要上厕所，必须使用一种特殊的便携厕所袋或者是回到船上来。

而且是热水！

1月12日 请报名！

图书馆看闲书：福尔克·M.，塞巴斯蒂安·G.

游泳池打水篮球：贝耶拉·K.，埃丝特·H.

桑拿房出汗：英志，鲍里斯·C.

船下冰上足球：

阶梯室朗诵：埃戈尔·S.，斯特菲·A.

极地天空观测：

美发沙龙：莉萨·G.

急招守门员！

在冰上小便是被严格禁止的！

如果你相信水手长的美发手艺的话…… ☺

冰上工作日常

探险队的工作日是漫长的，并且没有周末等休息日，每天都有工作在等待被完成——尤其是船员们，必须保障"极星"号的正常运转。在海冰上工作，存在着大量的未知风险，所以有些重要规则必须遵守，否则冰上作业期间的安全将无法保障。

最重要的探险规则

- 安全永远是第一位！
- 始终保持安静
- 有备选方案，最好不止一个，因为在北极什么都可能发生
- 不要独自在户外的冰上停留
- 和同伴之间互相保持关注
- 保证饮食和睡眠，维持好健康状态
- 出发前检查所携带装备是否齐全

注意，严寒

北极熊有一定的风险，但不是冰上作业期间最大的风险。探险队在北极地区工作期间最大的风险是严寒导致的冻伤，尤其是面部和手指部位。被冻伤的部位会产生刺痛感，皮肤发白，冰冷，触感麻木，再严重一些，皮肤颜色会发青甚至发黑，皮肤组织脱落。所以必须在做好全套极地防护的情况下才能前往室外甲板或者冰面上工作，同时尤其要注意手指和面部的防寒措施！

小心，地滑！

下船时，可以通过舷梯走下来，或者在浮冰情况非常不稳定时，乘坐吊篮用起重机上下，这种吊篮被称为"木乃伊椅"。千万注意，在甲板上和舷梯上时，脚下可能会非常地滑！

不可在没有北极熊巡视员的陪伴下去往冰面！

如果听到船鸣笛并发出北极熊预警信号，必须立即返回到船上！

警惕失温症！

当人体体温下降到 35℃ 以下时，就会发生"低体温症"，在短暂地感到寒冷并因寒冷产生一阵战栗之后，人会失去力气和意识，危及生命。他们甚至无法意识到自己正在逐渐被冻死，这也是低体温症最危险的地方。所以绝不允许在无人随同的情况下，独自前往冰上作业。

比寒冷更冷的是寒风！

在北极地区，气温可低至－45℃。但寒风吹过体表，带走人体更多的热量时，体感温度更低，风越大体感温度就越低，有时体感温度会是－60℃乃至更低，这样的效应被称为"风寒指数"。这种极端低温给人的感觉不仅是寒冷，更是一种强烈的痛感，所以穿戴的衣服必须是尽可能防风的。

携带生存箱！

每一个团队在外出工作甚至只是走出营地帐篷时，都必须随身携带生存箱。箱子里装着：急救包、信号枪、带降落伞的信号发射筒、睡袋、自发热救援毯、速干衣、羊毛帽、靴袜、简易炉、应急食物、烟雾信号筒、冰锯、简易炊具、可漂浮手电筒、防风火柴等。除此以外，还有一个配有瞄准器的信号镜，能通过反射光的方式引起救援飞机的注意。

保持方向感！

因为周围都是冰和海洋，人在北极地区很容易丧失方向感，尤其是当天气导致能见度很差的时候。夜里和有雾的天气里能见度极低，时刻关注天气的变化和提前了解船上气象学家做出的预报非常重要。也要随时携带一种"冰上导航"，这种导航会给你标出船所在的位置。

一日计划	
07:00	船长，科学家团队队长，船员长官，船医的晨会
07:30	餐厅供应早餐
08:00	舰桥开始做北极熊瞭望
08:15	针对当日冰上作业和直升机活动的天气预报
08:30	简短讨论：团队是否可以安全外出
08:35	户外冰上作业开始
11:30	餐厅供应午餐
13:00	新一轮的冰上作业开始
15:30	下午茶歇，回到船上暖和一会儿并补充体力
17:30	当日回船最晚时间节点，到了这个时间所有人必须回到船上
17:30	餐厅提供晚餐
18:30	所有科考人员和船长之间的例行讨论会，制订下一步工作计划
19:00起	船上会举行各种科学讨论会

配有瞄准器的信号镜

北极的团队交接

冰上一年，是一段漫长的时光。船上的 100 名成员工作都很辛勤，因此，"极星"号巨大的补给舱很快就被掏空了，油箱也是如此。

冻在冰上的"极星"号正等待着将近 100 名新的船员和科研人员以及将近 40 吨的货物。

冰面现在已经足够稳固，可以承拖 10 吨重的雪地履带车。

整整一个月的时间，这艘补给破冰船在坚实的海冰中奋力地从挪威航行至"极星"号身边。

即使船只仅靠随冰漂流就能前行，即使"极星"号自身隔热性能良好，但在北极的室外温度下还是需要升温。因此，每隔两三个月，就会有其他船只来为冻在冰上的破冰船提供补给，同时团队成员也会交接。在海冰之中，这样一次船舶会晤需要一个复杂的计划。有时候，冰况也会给这样的交接增加难度。

气温低至 −58℃，新来的人能回到温暖的环境中，感到非常欣慰。

破冰船的船长们友好地相互问候。

冰上斗争

在极地的夜里，俄罗斯补给破冰船"德拉尼琴上尉"号艰难地前进着。海冰是如此的坚固，以至于船几乎无法前行。船员们深知，即使是破冰船，也可能被海冰打败。如果巨大的引擎力量不足以破碎冰层，船就会尝试以冲撞的方式破冰：首先是倒退，然后加速前进，用动力闯入冰层。所以，破冰船会倾向于沿着冰层已经破碎的裂缝劈开通道前行，这些裂缝和通道会由于冰的漂移一次又一次地开裂和打开。当"德拉尼琴上尉"号缓慢而艰难地前行时，每时每刻都在发生的漂移又将"极星"号推向了更远的地方。

抵达浮冰

焦虑在"极星"号上蔓延——补给船能成功穿越冰层吗？终于，地平线上出现了一个亮点："德拉尼琴上尉"号成功出现了——这是俄罗斯船长和他的船员们伟大的航海壮举。补给船慢慢地接近冻在冰上的"极星"号。这时需要格外地谨慎小心，冰上营地是不容破坏的。俄罗斯补给船要停靠在几乎一公里外的浮冰上。下一个挑战就摆在眼前了：船员、物资和设备能否安全地穿越冰面抵达"极星"号，毕竟外面冷风刺骨，气温低至 −58℃。

科考人员裹着层层的极地保暖服，背上背包，徒步出发。北极熊巡视员们一直监控着会不会有大型捕猎者出没。但几个月以来，在黑暗的极地冬天里只有一头熊出没。雪地摩托以及另外两辆雪地清障车都派上了用场，穿越浮冰运送最重的货物——这真是一项棘手的工作。

在头几天的兴奋感和新鲜感消散之后，新来的团队成员们又会有什么期待呢？想知道仪器在冰上营地是如何运作的？想了解突然发现北极熊出没后的自我保护经验？新团队成员们正在认真接手新任务，同时也有"老"成员因为即将离开"极星"号而依依不舍。新团队将在接下来的几个月里坚守阵地——独自面对浩瀚的北极。

第二章
冰上气候调查

"极星"号书写下新的历史

被冰块牢牢包围的"极星"号漂流在北冰洋上,度过了漫长、严酷、漆黑的冬季,熬过了极夜。在2020年2月24日,她在极地研究史上创下了新的纪录:"极星"号抵达了北纬88°36′。她现在距离北极点只有156公里了!

在此之前,还从没有一艘船能在冬季如此地接近北极点,甚至南森的"前进"号也没有做到。

黑暗中的科考

在这段时间里,"极星"号的桅灯与探险队员的手电筒和头灯是照亮冰雪的唯一光源。在灯火通明的背后是极夜里最深的黑暗。只有当月亮升起时,才能看清每天重新形成的奇异的冰雪景象。大部分情况下,银灰色的画面展开在暗黑的天空之下,看起来像是在月球表面。

科研人员们每天都要出去工作。无论是狂风四起,还是要忍受被雪霰攻击的疼痛,他们都不会放弃冰上作业。他们使用雪地摩托、木制雪橇和滑雪板在冰面上穿行,前往各个不同的站点和设置不同测量仪器的科研营地。有时,他们也会乘坐直升机前去修理一个已经漂出很远的被冻在其他海冰上的测量浮标。只有当北极熊靠近营地或是风暴在海冰上的肆虐情况过于严重时,他们才不会外出作业,而是在船上的实验室里对取回的冰样和水样进行分析。浮冰经常在风和洋流的作用下被撕裂,这又加大了他们工作的难度。有时,承托整个科研营地帐篷的一大块浮冰崩裂漂离,带着帐篷和设备自行漂走。很多个早晨,研究人员一起床就从舷窗望出去,营地竟然和昨晚的样子完全不同了。

但冰裂和风暴、漂移和海冰、大气和海洋之间的所有关联以及其他的相互作用,就是一直被期待的事。在极地探索的历史上,第一次有人可以如此近距离地探索这一切的细节。

极昼里的漂流

2月底,地平线上出现了第一道光,起初非常柔和,然后越来越红,越来越强。终于,太阳回归了北极的冰区。极昼降临,太阳即便在午夜也挂在天上,熠熠生辉,半年之内不会再落下。

在考察进行到后半段时,"极星"号的科考人员将会一直沐浴在日光里。他们周围的环境闪耀着冰冷的灰白,但当融化季节开始时,就会有越来越多的蓝绿色调加入。伴随着阳光的照耀,色彩闯入了北极被误认为是永恒的白色主题——生命的活力在这个奇异的世界爆发。

研究人员考察了冰、雪和水面。
他们的测量工作伸入到了 4297 米
深的北冰洋以及 30278 米高的大
气层。

"好"的温室效应

气候研究的中心是研究气候变化对地球造成了什么样的改变。这种改变被一致认为与温室效应有关。但是你知道吗？从好的一方面来看，如果没有温室效应，我们的星球上就不会有生命。

温室效应被发现，或者说温室效应"好"的一面被发现，是在不久之前。1824年，一位名叫约瑟夫·傅里叶的物理学家对地球的温度产生了疑问：考虑到地球所接受的太阳光辐射量，它实际上应该比现在更冷。而我们这个星球目前的平均温度却能达到 15℃左右。

不太冷也不太热，刚刚好适宜各种物种生存的温度。

这一点让傅里叶觉得很奇怪，直到他脑海中浮现出一个猜想：这必定与包裹地球的气体外壳有关，也就是大气层。这种所谓的天然温室效应就被傅里叶发现了。由于这种效应的存在，我们的星球才有如此利于生命存活的气候。顾名思义，地球就像是一座温室。

气候研究到底是做什么的？

这位著名的天气预报员正观测天空并预测未来几天的天气。我们所说的"天气"通常是指某个固定地点在某个固定时段的大气层情况。天气可能会变化得很快，今天晴天明天下雨，它是一个短期的情况。而天气预报员的同事——气候学家（不公平的是他们的知名度要低很多），就有一个相对来说耗时耗力更多的工作任务。因为气候是指在某一地区很长一段时间以来的大气层的平均情况：大约 30 年到几个世纪。因此，气候研究是一项没有尽头的工作，他们非常清楚，比如连续三年都很凉爽这样的情况，不应该被人误读：这个时间周期过于短暂，不能因此得出气候变冷这样的结论。

天然温室效应的作用：

1. 太阳是地球气候系统的发动机，它的温暖让一切得以运转。

2. 太阳辐射照射到地球上，地球表面吸收了大约一半的量用以升温，并发散热辐射。

3. 如果地球没有这层气体外壳，热辐射便会消失于太空。那么地球就会处于寒冷当中，变成一个平均温度只有 −18℃左右的大冰坨。

4. 地球的这个气体外壳，也就是大气层，阻止了这种情况的发生。大气层中存在着被称为温室气体的东西，如水蒸气（H_2O）、二氧化碳（CO_2）、臭氧（O_3）、氧化亚氮/笑气（N_2O）和甲烷（CH_4）。这些气体在空中遇到了热辐射，吸收之后，将其中的一部分送回地球，这样一来就温暖了下层空气和地表。

O_3
CO_2
N_2O
H_2O
O_3
CO_2
O_3
CH_4
CO_2

天然温室效应导致了大气中的热量聚集，类似于阳光房安装了玻璃屋顶。感谢它对我们的保护，让我们的平均温度保持在宜人的 15℃，比没有气体外壳保护的情况高出整整 33℃。

风把暖空气从赤道运送到两极，海洋中的洋流运输温暖的水流。

由于阳光的照射，水从海洋、河流和湖泊中蒸发，产生水蒸气形成了云，又从中形成了降雨或降雪。

冰雪覆盖的极地地区是地球的制冷设备：与其他地区的地表不同，它们不吸收太阳辐射，而是反射太阳辐射，从而起到冷却地球的作用。

5. 在这个地球温室里，还存在许多其他的自然力量让热量分布于全球各地，这些热量也以其他的方式影响着气候。

遗憾的是，温室效应的故事还有另一个版本……

CO₂ O₃
CH₄
CO₂ O₃
N₂O
CH₄
H₂O
CO₂
O₃
CH₄
CO₂
CO₂
N₂O
CH₄ CO₂ CO₂
N₂O O₃ H₂O
CH₄
CO₂ CO₂

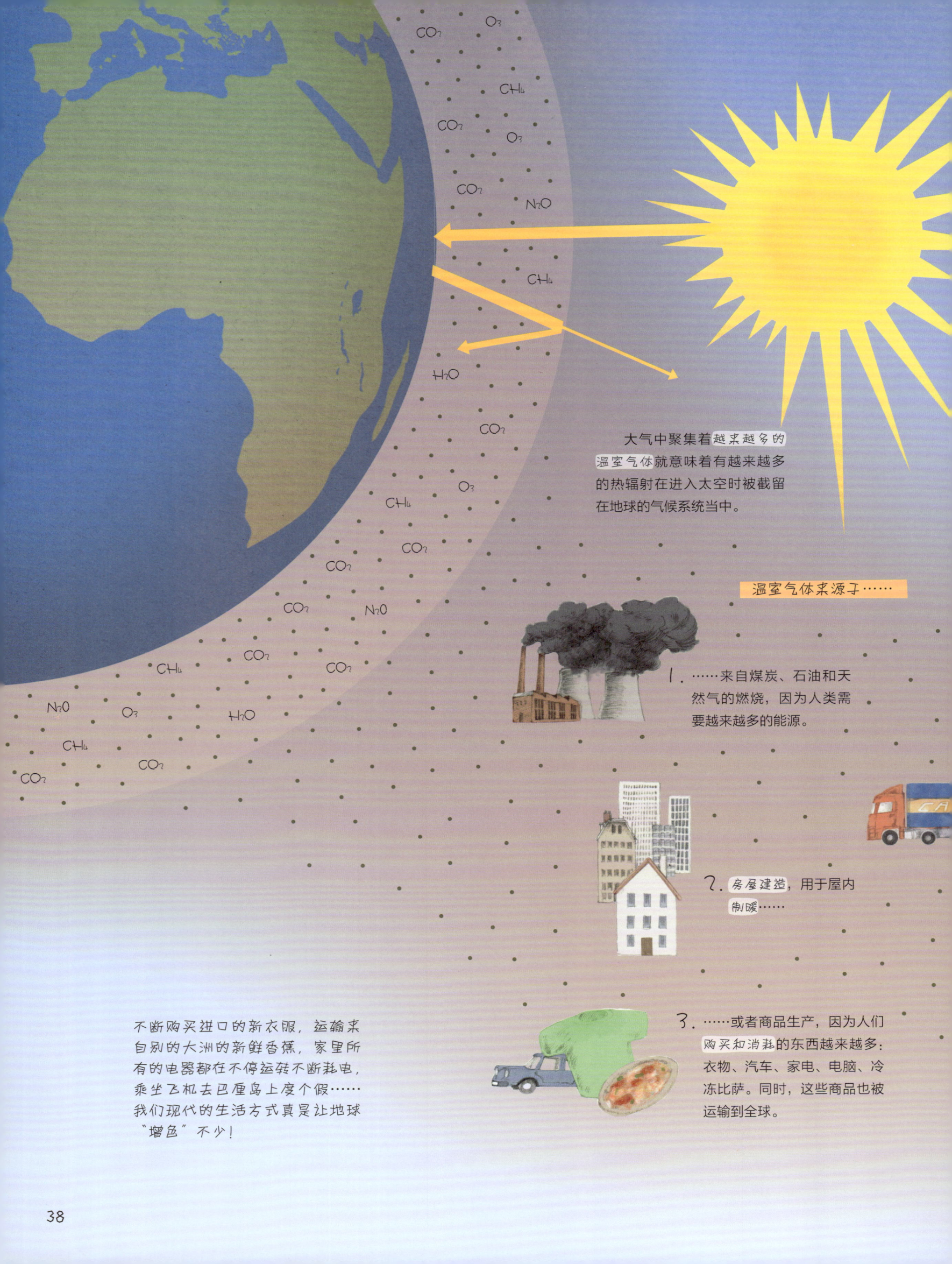

大气中聚集着越来越多的 温室气体 就意味着有越来越多的热辐射在进入太空时被截留在地球的气候系统当中。

温室气体来源于……

1. ……来自煤炭、石油和天然气的燃烧，因为人类需要越来越多的能源。

2. 房屋建造，用于屋内制暖……

3. ……或者商品生产，因为人们购买和消耗的东西越来越多：衣物、汽车、家电、电脑、冷冻比萨。同时，这些商品也被运输到全球。

不断购买进口的新衣服，运输来自别的大洲的新鲜香蕉，家里所有的电器都在不停运转不断耗电，乘坐飞机去巴厘岛上度个假……我们现代的生活方式真是让地球"增色"不少！

"坏" 的温室效应

在地球的历史上，气候变化已经发生多次（9000 万年前，南极大陆上是一片热带雨林——不是在开玩笑！）。大约 1 万年来，我们都生活在一个温暖的时间周期里，这稳定的平均 15℃ 的气候环境完全符合我们的需要，是世界给予我们的馈赠。有些人甚至认为，正是因为这个温暖的周期，人类才发明了农业并安居乐业。不幸的是，温室效应的负面效应也愈演愈烈——这一点也不好！

早在 1896 年，气候问题就引发了另一位物理学家斯万特·阿伦尼乌斯的思考。那时的工业完全倚赖于煤炭的燃烧，工厂的烟囱冒着黑烟，大量地吐出污染物。阿伦尼乌斯意识到，如果人类向大气层排放大量的温室气体，就会造成温度的升高。

由人类活动导致的温室效应使地球一再变暖。

↓

但直到 20 世纪 50 年代，二氧化碳的浓度增加才被证实。自工业化时代以来，它已增加了超过 40%。今天，它远远高于过去 80 万年来的水平！这就是我们讨论人类活动导致的温室效应的原因。

如果人类保持现状，不减少温室气体的排放量，气温可能会上升 4℃ 以上。你在本书的第三章就会了解到这将给地球带来怎么样的后果。当然，你也会了解到我们可以如何阻止它发生。

5. 还有，公路、海洋、河流和空中的货运和客运。

这并不明智，因为森林是气候的保护伞。它会大量吸收我们人类排放进大气层的二氧化碳，从而阻止地球变暖。

4. 温室气体的增加也来自森林砍伐和燃烧，将土地用于放牧或者是种植大豆作为牛和猪的饲料。

6. 大规模的畜牧和耕种也产生了温室气体。

北极的气候拼图

地球上已经没有多少地方像北极腹地那样鲜有人涉足且神秘莫测了。在那片海冰之上没有永久性的科考站。 而南极则不同。即便是在南极点，也有科考站全年进行科考活动，尽管那里的生活环境极端，但至少脚下是一片坚实的陆地。因为南极本身就是一块大陆，在厚实的冰层下仍有土壤和岩石。而另一端的北极，在冰层下除了冰冷的海洋，什么都没有，只有在其边缘，才有岛屿和陆地守望。

如何才能解开北极的谜团呢？北极的气候正在发生怎样的变化，为何会变得如此面目全非？这其实是一个团队合作的问题：北极本身就是一块拼图，也是整个错综复杂的地球气候的一部分。北极的气候拼图又是由许多碎片所组成的，它们之间紧密相连，互相影响。"极星"号的研究人员以小组的形式工作，希望找到这些单独的元素，再将这些碎片拼接在一起，形成完整的整体。

臭氧层

降水

热量交换和
能量交换

陆地冰

冰缝

"极星"号

海冰的形成

雪

海冰的漂流

海洋科学团队

关注海冰之下发生的一切。当海洋从远方输送暖流时，就如同北极的地暖。

海冰的融化

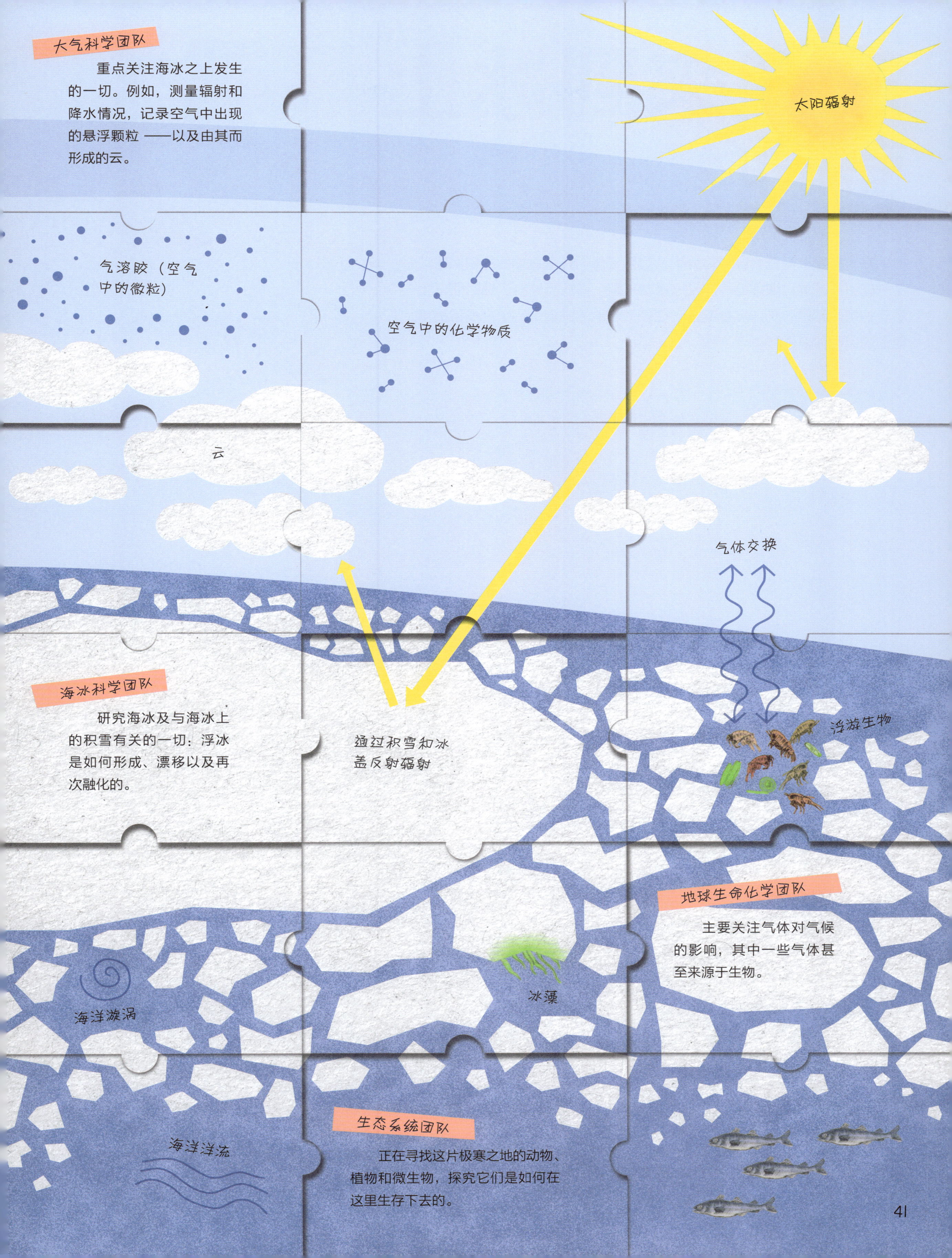

大气科学团队

重点关注海冰之上发生的一切。例如，测量辐射和降水情况，记录空气中出现的悬浮颗粒 ——以及由其而形成的云。

太阳辐射

气溶胶（空气中的微粒）

空气中的化学物质

云

气体交换

浮游生物

海冰科学团队

研究海冰及与海冰上的积雪有关的一切：浮冰是如何形成、漂移以及再次融化的。

通过积雪和冰盖反射辐射

地球生命化学团队

主要关注气体对气候的影响，其中一些气体甚至来源于生物。

海洋漩涡

冰藻

生态系统团队

正在寻找这片极寒之地的动物、植物和微生物，探究它们是如何在这里生存下去的。

海洋洋流

41

欢迎来到冰上营地

在"极星"号强大的船体旁边,团队成员们在海冰冰面的中间建造了一座研究营地。海冰会一次又一次地破裂,挤压出冰脊,有时候早上看到的形态和前一天的完全不同。在各个营地的站点上,研究小组使用他们的测量仪器进行科考工作。

海洋之城

蓝色的帐篷环罩住一个大钻孔。在这里,海洋科学团队把带有传感器的仪器放入水中,而生态系统团队也会在此从深海里采集水样。

冰厚传感器

黑暗之角

北极狐

"极星"号

电源和传输线

雪地摩托和雪橇

潜水机器人驿站

冰钻

温盐深测量仪

北极鳕鱼

潜水机器人"野兽"

水下摄像头

天空之城

这里是大气科学团队工作研究的场所。天空之城的天际线上耸立着两座分别为11米和30米高的气象测量塔。塔上连接着十分敏感的测量传感器，显示风向和碳元素的饱和度。

黑暗之角

地球生命化学团队在这里收集雪样和冰样，然后在实验室里进行分析。生态系统团队会经常过来拜访，他们想研究北极生物是如何在极夜里生存的。如果船上的人造光源照射到这里，那么这里的生物就会呈现出和在自然日光中一样的反应，研究就无法进行了。所以在这个角落里，大家的口头禅是"关灯"。

遥感测量区

海冰科学团队在这里研究浮冰，探钻冰孔。遥感测量区也安装了传感设备，看起来像是科幻电影里的场景一样。它们被用来监测雪和冰层表面如何反射微波辐射。卫星利用这种辐射来监测北极的海冰。

潜水机器人驿站

遥控潜水机器人"野兽"从驿站出发，在冰下进行有一定风险的勘察。"野兽"是无所不能的：它用相机拍摄深海动物世界，用网为生态系统团队带回浮游生物。

气球小镇

在机库里，科研气球正在等待大气科学团队分配任务。

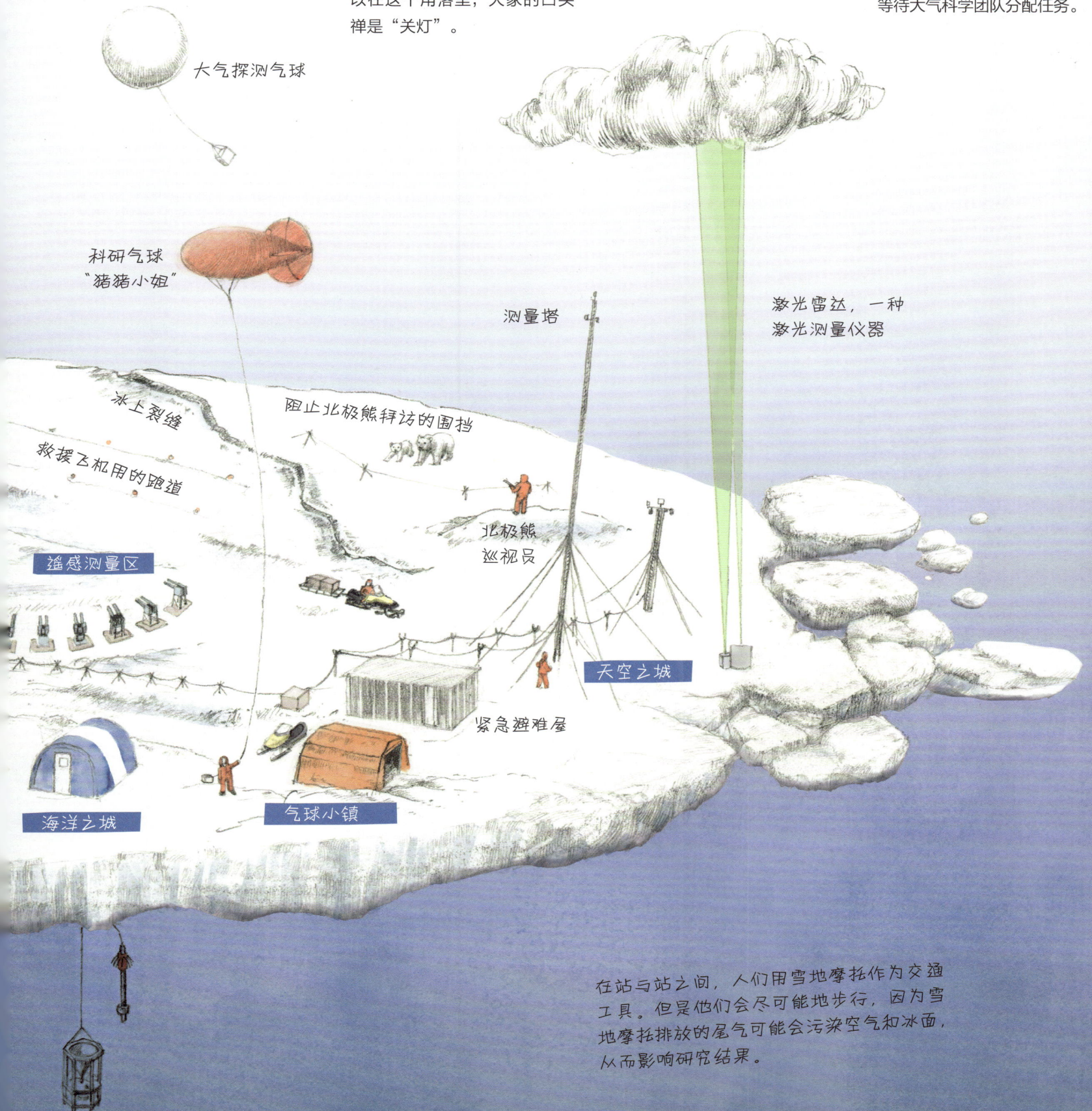

大气探测气球

科研气球"猪猪小姐"

测量塔

激光雷达，一种激光测量仪器

冰上裂缝

阻止北极熊拜访的围挡

救援飞机用的跑道

遥感测量区

北极熊巡视员

天空之城

紧急避难屋

海洋之城

气球小镇

在站与站之间，人们用雪地摩托作为交通工具。但是他们会尽可能地步行，因为雪地摩托排放的尾气可能会污染空气和冰面，从而影响研究结果。

在（几乎）永恒的冰上

海冰也是在持续运动的。

如果没有海冰，北极将不再是北极。北冰洋绵延数千公里，有时候它很平静，看起来就像一片被雪覆盖的宽阔平原。然而，洋流和风的入侵，把它撕裂撞碎，海水和风又让破碎的冰层相互冲撞挤压，形成一两米高的冰脊。

海冰是一种特殊物质，一方面，它是由海水——也就是盐水形成的；另一方面，海冰其实还是一个栖息场所。一些适应性强的生物不仅生活在冰上和冰下，还生活在冰的中间。此外，海冰是一直变化的，随着季节的更替而增大或缩小。在漫长的极夜里，海冰肆意增大，直到覆盖住北冰洋的大部分区域。

同时，海冰也像北冰洋的一层薄薄的皮肤。海冰将海洋和大气分隔开，而这个处于其间的位置就让它成了气候系统里一个重要的组成环节。海洋、海冰和大气之间的联系交织在一起，传导着热量、能量，交换着不同的气体，它们之间相互作用共同产生了对气候的影响。

海冰也是在持续运动的。

海冰科学团队

北极海冰是地球气候拼图中极为重要的一块。海冰科学团队正在研究为什么北极的冰在过去几十年中发生了如此大的变化，它是如何形成的，它是何时形成的，它是怎样生长又怎样消融的——如果海冰继续减少对北极意味着什么。

日 志

日期： 2020 年 1 月 12 日，第 115 天

位置： 北纬 87°，东经 108°

温度： −30.4℃

目瞪口呆！昨天夜里我们突然被一阵奇怪的声音惊醒。外面的冰竟然自己动了起来。就在"极星"号的面前，浮冰断裂成了两截，接着分开的浮冰又被风给推着赶回来，撞到了一起。在几分钟的时间里，一道一米多高的冰脊就被碎冰堆叠了出来！

45

千变万化的冰

海冰是唯一一种由海水形成的冰。它漂浮在北极和南极的极地海洋上。但海冰并不只是简单地在海面上形成的浮冰。它有各种形式，呈现着各异的迷人形状。这些不同类型的冰都有自己的学名。

看起来很美味，可惜不能吃。

尼罗冰

当海面平静时，首先形成的新冰是一片薄薄的、封闭的尼罗冰层，然后继续变厚。最初，它看起来薄而透亮，且有一定弹性，当海浪荡漾时，它也随之起伏。

薄片冰

这就是海冰的新生形态：海水构建出的纤细的针状或者薄片状的冰。当它们汇聚在一起时，就会形成浑浊的浆状物，通常被称为"冰浆"或者"冰脂"。冰浆往往是在水波的不断晃动中产生的。当温度进一步降低后，它就会变得更结实，从而结成更大的浮冰。

这是潜水机器人"野兽"在浮冰下拍摄到的薄片冰。

荷叶冰

这可能是形态最漂亮的冰——它是海浪用冰浆制成的。冰在波涛汹涌的水面上来回晃动，不断地相互碰撞，从而形成了圆形的像荷叶一样的片状，也是由于这样的相互碰撞，圆形的边缘会更厚一些。荷叶冰的直径从 30 厘米到 3 米不等！荷叶冰更多出现在南极海域，但"极星"号在北极地区也发现了它。

这种巨型冰的诞生，也就是一座冰山从冰川上断裂分离的过程，有一个科学术语叫作"崩解"。

冰山

尽管冰山漂浮在海面上，但它们并不被归为海冰。它们是从冰川上断裂分离出来的，是由淡水构成的。

注意
翻转危险警告！

46

很美，但也并不是没有危险，因为这个水洼的底部冰层可能很薄，随时会有坍塌的可能！

冰面融池

在冬季的暗夜里，冰层变得坚实厚重，但当早春的阳光照射在北极海域的冰面上时，表面的雪和冰开始融化。冰盖就会被点缀上越来越多的闪亮的蓝色融池。可见的颜色越深，就说明融池越深。在有些浮冰上，甚至形成了多湖泊的湖区。

手指漂流

当风和水流将浮冰相互推挤时，巨大的力量将在冰之间互相作用。当冰还处于厚度很薄的新生阶段时，这种作用将制造出这样奇异的形状，让人联想到绞缠在一起的手指。

流冰群

有时候船只会被困在其中，然后被卡在它们之间，又被其组成的浮冰相互推挤碰撞。

冰架

陆地上的冰盖或者冰川延伸入海，会形成一面厚厚的冰墙。这种冰架是漂浮在海洋上的，但仍然与陆地上的冰盖相连，所以，冰架也不是海冰。

冰盖与冰川

冰盖和冰川也是不属于海冰的冰，在格陵兰岛和南极都存在着巨大的冰盖和冰川，囤积着全球约90%的冰。这些冰盖是陆地冰，这里的冰川是全世界最大的冰川。海冰是由咸水凝结而成的，而冰川是由夏季末消融的雪以及多年来积累的降水形成的——是由淡水凝结而成的。所以冰盖和冰川是我们这个星球上最大的淡水储备地。

缤纷的惊喜
探究晶体结构

为了了解冰是怎样增长的，研究人员们制作了冰薄片。这些薄片的厚度甚至可以小于0.5毫米！首先要提取一个冰芯，切取薄片，放置在看版台上观察。多亏了这个装置会让薄片的晶体呈现不同的光泽，它才能向研究人员透露很多关于这块冰形成的信息。

薄片冰？尼罗冰？荷叶冰？冰虽然美丽，但也很复杂，是吧？

冰的真相

会变老，会变得更厚实

    同一块海冰可以存在几年以上。如果一块海冰还没有经历过夏季，那它会被称为"一年冰"。一旦它经历过夏季，就会被认为是"多年冰"了。因为在夏季它会经历一次又一次的融化，所以，即便是"老"冰也很少有超过三米厚的。只有经历过推挤，破碎的海冰才能在浮冰上形成数米高的形态，同时在海面下还有十倍左右的厚度。

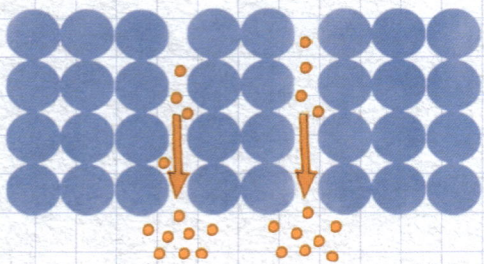

含有天然的防冻剂

    水是由微小的可移动的颗粒所组成的，是氢和氧的结合。在0℃时，这些组成水的粒子活动性变差从而形成结晶：这样水就冻结了。至少，淡水是这样的，而海水则不同。因为含有盐分，海水结晶需要更长的时间。比如北冰洋的海水，要在 -1.8℃的情况下才会结冰。而死海的水，由于含盐量极大，甚至要到 -21℃才会结冰！

所以下雪天我们会在路面上"撒盐"，以此来防冻，以阻止路面结冰。

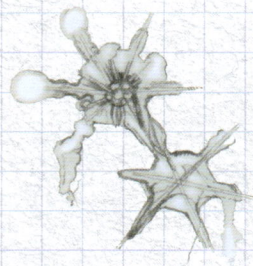

比海水要淡得多

    海冰的味道要比海水的味道淡得多。这是由于海水在结冰的过程中，排出了很大一部分的盐分，盐分会沉入冰层下的水层里，所以海冰的年头越长，所含有的盐分就越少。尽管如此，它还是含有一些盐分的，也就是说，其中还是含有一些无法冻结的高浓度的盐水。这种盐水由于无法结冰，就在冰体中形成了像小口袋一样的微小通道，让冰体呈多孔的结构——所以，海冰的硬度比花园池塘里的水结成的冰的硬度要低。

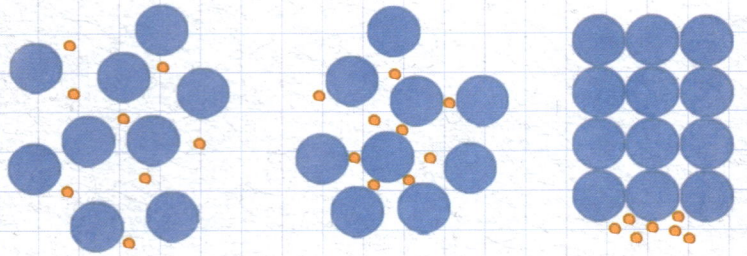

冰和雪的晶体与针孔的大小对比。

防冻机制

当海面接触到冰冷的空气受冷时，表面的海水会凝结成冰，但为什么不是整个大海都逐渐冻上呢？冰的本身就是其原因：它像一条绝缘的毯子铺盖在海洋的海面上，隔绝了海水与寒冷的大气层的接触。

日 志

日期： 2020 年 2 月 17 日，第 151 天

位置： 北纬 88°，东经 78°

温度： -33.5℃

我们被冰雪环绕。即使在空气中，冰晶也无处不在。因为温度与湿度的不同，它们会呈现出不同的大小和形状：坚固的片状或棱柱体，棒状，星形片状，针形或者树枝形。为了研究这些微小的晶体，我们用一些特殊材料复刻了它们的形态，否则在显微镜下它们很快就化掉了。

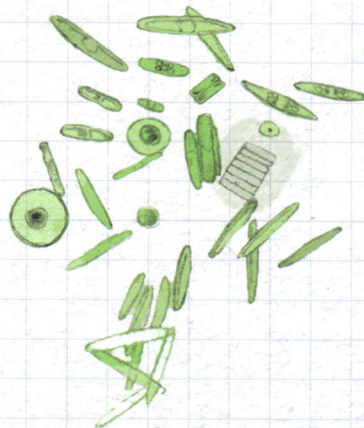

一个令人兴奋的研究对象

"极星"号的科研人员们用测量棒和冰钻进行工作。例如，他们很关心冰有多厚，冰上的雪层有多厚。因为雪层有可能隔绝了冰和冷空气的接触，延缓冰的凝结。还有非常多有趣的仪器，用以从大气中或者海洋里测量和观察海冰。

一个冰芯钻头，它是用来从浮冰上钻取冰样的。在钻取过程中，科研人员可从浮冰内部分离出一根直径约 10 厘米的冰芯，再将其提取出来——这就是所谓的冰芯。

冰里的家园

一些无所畏惧的适应性极强的生物，生活在海冰间的盐水洞穴之中：细菌、藻类、蠕虫和微小的甲壳类生物。它们由于海水结冰被冰封，但在冰融化之后，会再次回到海洋。

加剧融化

北极的海冰并不仅仅是好看，它同时也是我们这个星球的冰冻圈的重要组成部分。"冰冻圈"这个术语来自希腊语中的"kryos"和"sphaire"的组合，前者的意思为"寒冷的"，后者的意思为"地球的"。冰冻圈涵盖了所有结冰的地区：被冰雪覆盖的陆地和海洋，冰川以及西伯利亚和阿拉斯加的永久冻结带，即那些一直被封冻着的土地。

冰冻圈听起来就很冷，事实上也确实如此，特别是相对我们的地球气候而言。因为冰和雪是浅色的，就像是一块放在我们星球上的遮阳板，反射了一部分太阳光线，使地球暖和起来。你在地图上能看到的覆盖着大片白色的北极和南极，反射作用尤其明显。但是全世界都在经历的气候变化正在让永久冻结带缩小。冰川会消融变成水流，永久冻结带的土壤正在解冻并变成泥浆。

夏季的冰
海冰在漫长的夏季里不断融化，覆盖面积在9月达到最小值。

北极点

日 志

日期： 2020年4月7日，第201天

位置： 北纬84°，东经14°

温度： -21.6℃

今天我们使用了冰厚传感器测量了海冰的厚度。这个装置看起来像是一枚鱼雷，由直升机用绳索吊着在低空掠过冰面。它的工作原理类似于金属探测器：它测量飞过的地表的导电性。海水含有大量的盐，因此具有很高的导电性，而海冰含有的盐分很少，就具有较低的导电性。因此，在该传感器的帮助下，我们可以区分水和冰，并计算出海冰的厚度。

格陵兰岛

⚓

海冰在不断消融。从地球轨道的高空俯视可以很清楚地看到这一点。几十年以来，卫星一直在密切地关注着冰层。衡量北极变化的明确标准之一就是9月北极海冰的保有量，在经历了一个夏季之后，北极的海冰还能剩下多少——或者是都消融殆尽。

卫星图像呈现的情况是令人担忧的。在20世纪80年代，9月的海冰覆盖面积能达到700万平方公里，相当于整个澳大利亚的面积大小。而到了2020年的9月，当"极星"号漂流在北极时，海冰的覆盖面积仅为382万平方公里。也就是说，它消融了几乎一半！

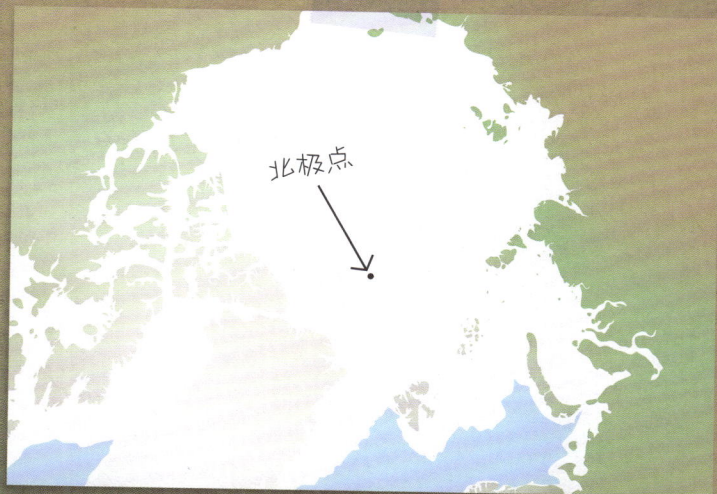

北极点

冬天的冰
海冰在漫长的冬季里不断冻结，覆盖面积在3月达到最大值。

俄罗斯

这是1981年9月海冰的覆盖面和2020年9月的对比情况。

2020年9月海冰的覆盖面积只有这么多了。

越来越薄，越来越少
　　20世纪60年代，北极的海冰在夏季仍然能达到3米的厚度。20世纪90年代，夏季的海冰厚度超过2米。而近几年，夏季的海冰平均厚度已经不到1米了。在过去的40年间，海冰已经失去了其原来体积的70%。另外，我们还得出一个可怕的经验：人类每增加1吨二氧化碳的排放，就会有约3平方米的海冰消融。

存活条件差
　　过去，北极地区的许多冰块在经历了温暖的夏季之后依然能够幸存，因为它们是多年未融化的冰且非常厚实。但现在的冰的"存活"条件就很差了。夏季越来越暖，冰在一年中成形的时间也越来越晚，在冬季也来不及变得厚实，往往在经历第一个夏季时就消融殆尽，无法"存活"了。

终结于新生阶段
　　在俄罗斯西伯利亚海岸的浅海区，能特别清楚地看到现在"出生"的冰是如何融化的。这个地区被认为是海冰的摇篮。从那里，它们随着跨越极地的洋流往北冰洋漂去。现在，诞生于俄罗斯近海的冰块中只有20%能够完成这一旅程，而另外的80%里，甚至有些在开始漂流旅程之前就已经融化了。

51

海冰的恶性循环

大热天站在太阳底下，就可以感受到这种力量：太阳的辐射在地球上变成了热量。如果可以在白衣服和黑衣服之间做出选择，应该选白色。因为白色的织物可以更好地反射太阳辐射，不会像黑衣服吸热那么快。北极地区也是类似。

一个融池相当于海洋的一块磨砂玻璃。冰层越薄，融池颜色越深，进入海洋的太阳辐射就越多，水也就越暖。全球变暖导致这些夏季的融池在冰上形成的时间越来越早，数量越来越多。

融池

雪的反射能力比冰还要强。当年初的海冰上还覆盖着厚厚的雪层时，就几乎没有太阳光能能够到达下面的海洋。但是随着夏季的进程雪会融化掉。

雪

海冰能反射大约30%—40%的太阳辐射。

热

冷

由于海冰的覆盖，北冰洋也穿上了洁白的衣服。当太阳持续照耀北极时，冰面会反射掉很大一部分的太阳辐射。它的明亮是对冰不被融化的一种保护。术语中，这种反射能力被称为"反照率"。"白度"也可被用来衡量这种能力。

这种反照率对地球的能量平衡非常重要。感谢冰的存在，让太阳辐射有很大一部分被送回太空，而不是留在地球上使其变暖。不幸的是，气候变化正导致北极地区褪去白衣。更糟的是，白衣之下是深色的水面：北冰洋的海水，如同一件黑衣，在极地夏季的阳光照射下，升温效果特别好。

这就导致了多米诺骨牌效应。因为海冰融化，它能反射的太阳辐射减少，热能就留在地球上，大气和海洋因此变得更暖。这反过来又对海冰产生了影响。海冰在入秋后需要更长的时间进行冻结。第二年年初的海冰减少，在阳光下融化得更严重。海洋又因此吸收了更多的热量，如此反复。趋势明显可见：越来越少的太阳辐射被反射，而冰和其参与的气候系统陷入越来越暖的恶性循环当中。

在北极还有许多这样的影响，导致变暖加剧。而其中有许多还未被科学界完全理解。但它们是这里升温比地球其他地方更明显的原因，北极地区的平均温度已经上升了 2℃至4℃。

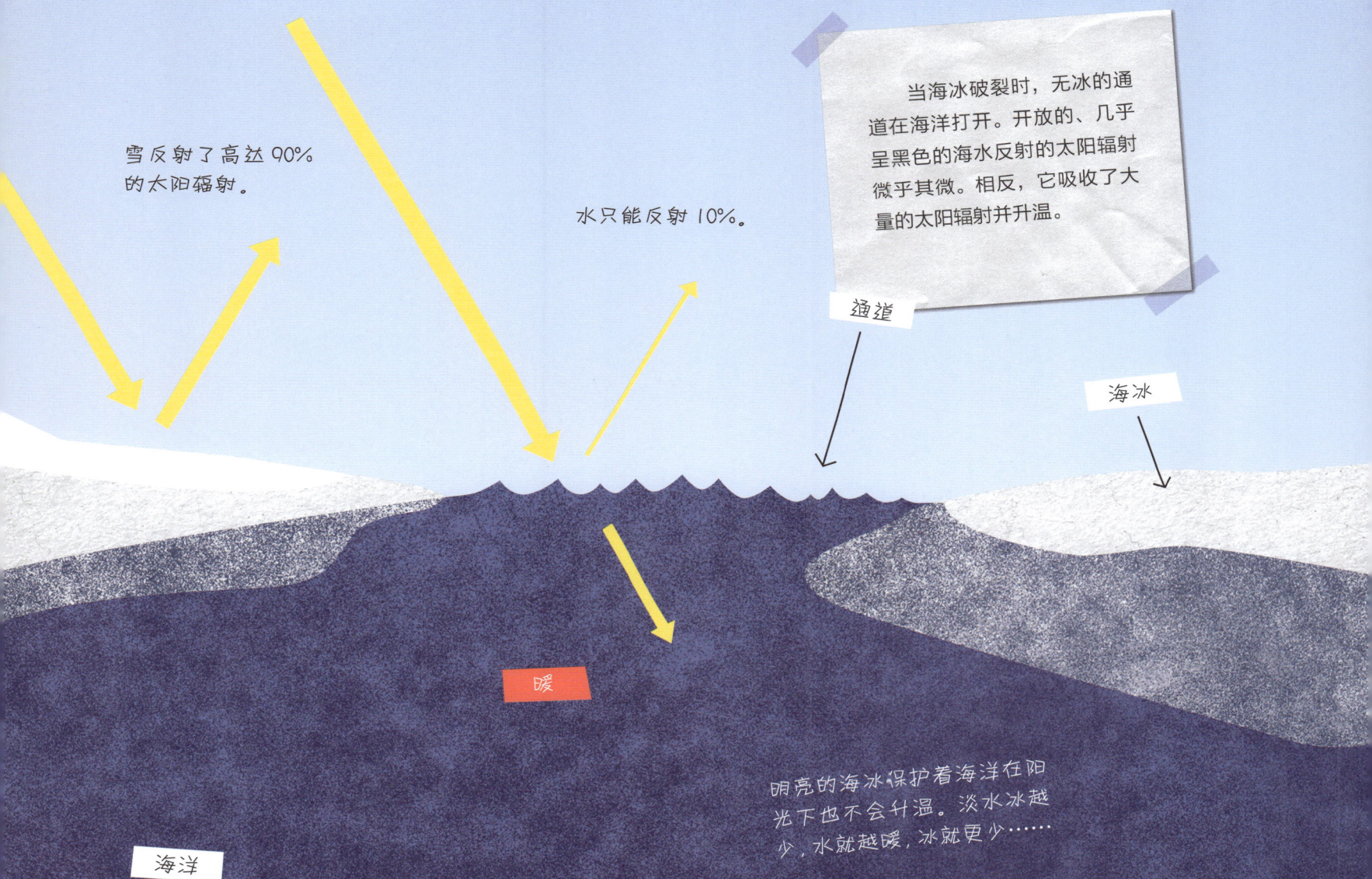

雪反射了高达 90% 的太阳辐射。

水只能反射 10%。

当海冰破裂时，无冰的通道在海洋打开。开放的、几乎呈黑色的海水反射的太阳辐射微乎其微。相反，它吸收了大量的太阳辐射并升温。

通道

海冰

暖

海洋

明亮的海冰保护着海洋在阳光下也不会升温。淡水冰越少，水就越暖，冰就更少……

我们是否就快被海水淹没？

问题是：如果这么多海冰融化，海里的水难道就不会变多了吗？工业化时代开启以来，全球变暖，平均海平面已经上升了超过 23 厘米。听起来似乎并不多，但如果你住在沿海地区，这种上升已经足以淹没你家的地下室甚至是你的生活。

海平面上升的事实确实是与冰雪消融有关，但海冰并不是罪魁祸首，至少不是直接原因。这种情况是由于水的特殊属性造成的。

魔术？并不是，是物理学：当冰块融化之后，杯子里的水平面会和之前一样高。

大多数物质在变成固体之后，是会沉到水下的。组成物质的小颗粒，也就是 分子 ，在固体状态下会变得更加紧密，该物质的密度因此变大，不能再漂浮在水上。但水的情况却不同：当它冻成固体时会膨胀。因为水分子在冻结状态下，比在液体状态下更加地远离彼此。这就是冰为什么总能漂浮在水上的原因。但浮于水面之上的冰大约只是其体积的 10%，也就是所谓的"冰山一角"。

如果你往有水的杯子里放入一个冰块，冰块的大部分将处于水下，小部分执着地浮在水面之上。你可以用线标出此时的水位高度，等冰块融化之后，你会发现水位线并没有变化。这是因为冰块探出水面部分的体积和该冰块融化成水的体积完全相同。

就像漂在杯子里的冰块一样，海冰也漂浮在海水中，在那里占据着一定的空间。水面之上的那一部分，和融化后进入水中的体积相符。因为当冰融化之后，变成了密度较大的水，所

不会沉没：即使你把一块冰强行投掷到水中，它在经历短暂的下沉之后，又会立即浮起来。

占据的体积空间变小了，这就是海冰融化对海平面没有影响的原因。

但冰川的情况不同，它处于陆地上，融化之后会变成水流入大海。这就是格陵兰岛上巨大的冰川或是南极更加巨大的古老的冰层正面临的情况。如果格陵兰岛的冰川全部融化，全世界的海平面将上升约 7 米。如果南极所有的冰都融化，海平面将上升 70 米。尽管完全融化预计不会很快发生，但正在融化的冰川流出的水量已经十分巨大了。2019 年是融化严重的一年，格陵兰岛的冰原失去了 5320 亿吨水。这个水量足以让全球 77 亿人在一年的时间里每人每天饮用 190 升。

海平面的上升还有另一个原因：水不仅在冻结时占据更多的空间，在变暖的情况下也会。淡水在 4℃ 以上的情况下，温度每增加一度，就会膨胀一点。而海水，即便在较低的温度下也会发生这种情况。这就是所谓的 热膨胀。因为全球变暖使得海洋也越来越暖和，海水正在沿着海岸线爬升。现在海冰也处于这种情况中：当它融化之后，更多的阳光直接照耀在海水之上，使其变暖，海水则膨胀了。这便是北极海冰的消失间接促使海平面上升的方式。

我们把海平面看作一个整体其实并不准确——应该说是大部分地区的海平面。由于地球的引力原因，各地区的海平面也有差异。但近年来，海洋正以惊人的速度升高，虽然海平面高度不同，但人们或多或少地都能感受到这一点。

如果人类社会不设法减少温室气体的排放，到 2100 年，海平面将可能上升 60 至 110 厘米。仅仅是在德国，就会有约 200 万人生活在频繁面临洪水和风暴威胁的区域，这个人数比生活在德国第二大城市汉堡的总人口数还要多。全世界有约 6.8 亿人生活在平坦的沿海地区，许多区域不得不修建堤坝来保护自己——如果可行的话。否则他们唯一的选择就是逃离家园。

190 瓶 1 升的水：如果我们试图喝掉 2019 年格陵兰岛融化掉的冰川水，地球上的人要在一年内每人每天吞下这么多水。

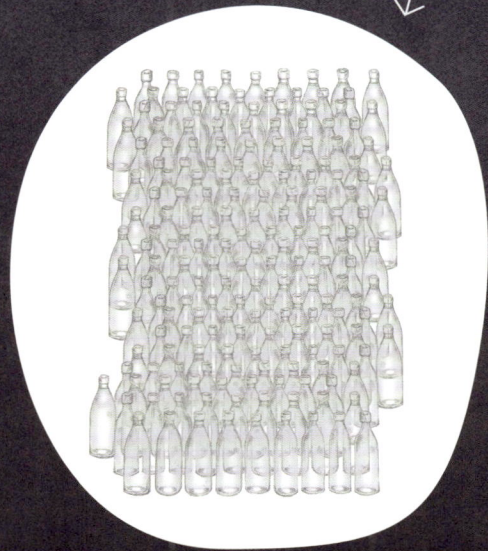

终令为水，升什么已经超过 23 厘米。

天与海之间

有时候，在北极是没有天上和地下之分的。当雾和暴风雪在海冰上肆虐时，人无法辨别哪里是天空，哪里是冰面，一切都笼罩在白色当中，地平线也消失不见。

极地探险家们最忌惮这样的天气，它是会危及生命的。无法分辨方向就极易在海冰上迷失。海冰之下是茫茫的北冰洋，海冰之上是寒冷的空气，冷到连人的眼泪都会凝结成冰珠。

冰如同一堵屏障，横在大气层和海洋之间，阻止了两者的接触。海冰延伸得越远，铺开的面积越大，冰层越厚就越稳定，也就能越好地发挥它的作用。但当风暴和洋流撕扯海冰的时候，海冰就会开裂。每到这时，冰面会发出惊人的声响。冰一边碎裂，一边相互摩擦，咯吱咯吱的声音听起来像是冰在歇斯底里地咆哮。

接着又是一场轩然大波：在冰的裂缝里，−1.8℃的冰海与更为冰冷的空气相遇了，后者可低至 −45℃。这是十分极端的温差！相比于大气层来说，海水甚至可以说是温暖的。冰缝周围的空气被迅速加热并向空中喷射。此外，海洋里的水，一旦接触到空气，就会蒸发。肉眼可见的蒸汽呈烟雾状萦绕在空气中升腾，这种鬼魅的景象，被称为海烟。

大量的热量和湿气通过冰缝被释放到北极地区的大气层中，导致了该地区的升温，也形成了更多的云。探险队正在调查这会对气候产生什么样的巨大影响。气候变化已经使得海冰愈加稀薄和脆弱，甚至在冬季也是如此，这就是冰上的裂缝即便是在极夜里也出现得更加频繁的原因。

在这个严寒的地区，水蒸气这种东西太容易被人遗忘。

← 北极地区的
水蒸气。

大气科学团队

　　无论是气候还是天气，都产生于大气层中，温室效应也同样产生于此。所以，在空气中和天空中发生的变化会进一步影响气候，这也是大气研究在气候科学中占有核心地位的原因。

地球的 "蒸汽团"

高空的空气稀薄：越是往上，大气层就越是稀薄。尽管有 10000 千米厚的大气笼罩着整个地球，每一个能看到其全貌的宇航员还是会为此惊讶：从高空看去，大气层柔和且脆弱。如果地球是一只苹果，那么这层包裹它的气体也就像一层薄纱。

"大气层"一词从希腊语中翻译而来，原本的意思就是 "蒸汽球"。但实际上蒸汽作为大气层的组成部分之一，占有的比例是很少的。大气层当中还有很多的组成物质。大气的组成占比约是：78% 的氮气，21% 的氧气和 1% 的氩气（一种稀有气体）。

此外，大气层还由许多种不同气体共同组成，如在气候研究上让人非常感兴趣的：二氧化碳，甲烷，一氧化二氮和臭氧等微量气体。

微量气体之所以被称为微量气体，是因为它们在大气中占有的比例极小。但不要被它们的名字所迷惑，因为有些微量气体在气候中的影响作用是很大的，比如，甲烷。

大气层本身可以被划分为不同的层次。我们的天气发生在最底下一层，也就是对流层。这里有雪和雨，风和云，还生活着我们人类。

在极地地区的高空，对流层高达 12 千米，在赤道地区则高达 18 千米。在此之上，还有基地研究人员最感兴趣的气流层：平流层。

平流层已经靠近了太空，那里的空气非常寒冷——但也有例外的区域。在较低的底部区域通常是 −60℃ 的严寒，但在此之上，又变得温暖，在 50 千米的高度上能达到 0℃ 左右。

但既然在慢慢靠近极寒的太空宇宙，怎么会发生这种情况呢？答案就在臭氧层中。臭氧层位于平流层的中间，吸收了小部分的阳光辐射并将其转化成热量以平衡这个高度的低气温。同时，臭氧层也保护着地球免受紫外线辐射的侵害。

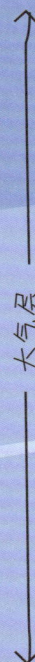

极光出现在大气层里，五彩缤纷。

大气层

天气发生在对流层。

生物圈

冰冻圈

岩石圈

58

散逸层

热成层

中间层

平流层

对流层

水圈

圈层

　　地球的气候系统组成成分多样，所以从各种较小的子系统出发来思考要容易一些。它们都属于一个大型的复杂的气候系统，相互影响，相互交换，人们叫它们"不同的圈层"。

　　在海冰科学团队的介绍中，我们认识了 冰冻圈：它包含了地球上所有的冰冻水。然后是所谓的 水圈，是地球上所有的流动水，比如海洋。还有 生物圈，是指所有的生物（植物、动物、人类等）所处的区域。

　　但在地球的所有圈层中，变化最快的就是 大气层——不同的气体随风在包裹地球的气层里高速涌动。这就是大气科学团队的重点研究对象。

臭氧层

意外发现：在气候变化的推动下，北极上空在考察期间首次形成明显的臭氧空洞。

如何追风逐云

大气科学团队的科研人员们捕捉云和空气里的微小粒子，他们测量风、大气的气层和湍流。借助世界顶尖的研究技术，他们在考察期间观察到了冰面和海洋之间发生的一切，测量处于平流层的上部区域，这里的高度超过了 35 千米，大约是正常的客机飞行高度的三倍。

大气科学团队"闪"风：用雷达系统可以确定风速。

科研气球定期从"气球小镇"起飞上升至 35 千米高的高空。它携带的不是客舱，而是一个悬挂着的测量仪器。小型的无线电检测仪创建了大气层的剖面图，并能感受到它所处的位置有多冷，湿度有多大，风怎么吹。臭氧探头会探测臭氧层，被称为气溶胶测量装置的仪器会记录微尘颗粒的特性。

大气科学团队的雷达设备，其工作原理类似于警察在街上安装的"闪烁"超速监测仪：它会发射电磁波，如果击中了物体，比如云层，波会像回声一样被反射回来。雷达设备接收到反射回来的波之后，就能检测到其属性，比如云层里的含水量。

最大最鲜艳的那个气球被昵称为"猪猪小姐"。这个胖乎乎的气球女士不会像小气球那样飞走，因为"她"被一根很长的绳子牵住了。"她"可以在 1500 米以上的高度捕捉气溶胶，即微小的悬浮粒子，并测量大气中的辐射与涡流。但是"猪猪小姐"对天气很敏感：如果风太大了，"她"是不会从机库里出来的。

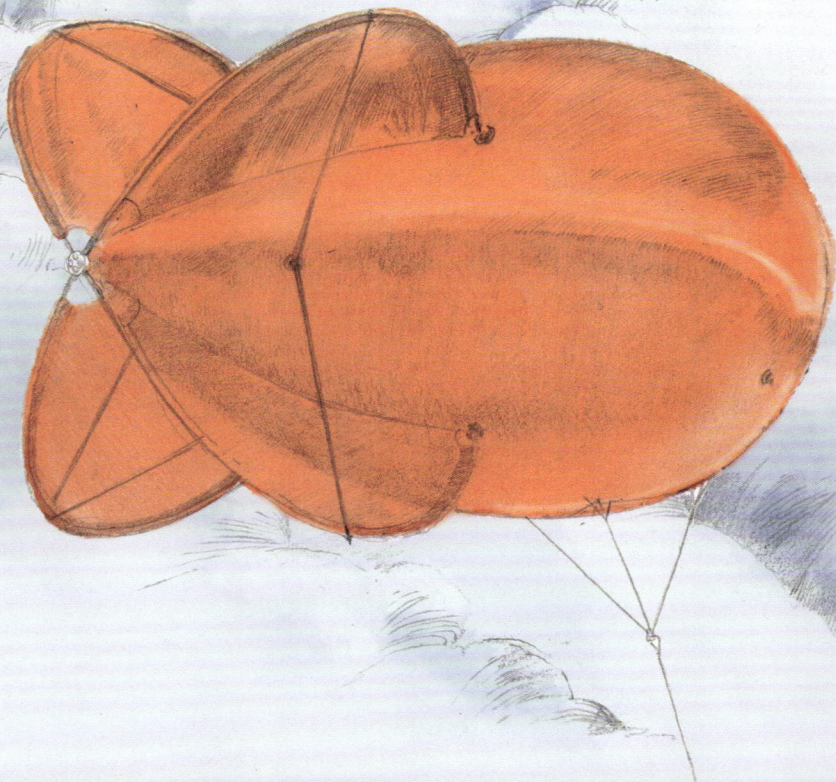

涡流是空气中无序的气流和旋涡。

遥控性的科考无人机在研究人员头顶上方的 1000 米处盘旋。他们测量温度、气压、风以及搜集更多的相关数据。

有人驾驶的飞机诸如直升机和极地飞机可以用来远距离测量北极大气的属性。

来自海洋里的热量和水分从冰的裂缝里上升，所以这里的大气情况相对于稳定冰面的上空是不同的。

极星5

危险的飞行
雪盲症（暂时性失明）

　　在北极地区的飞行活动对飞行员来说是巨大的挑战。最令人恐惧的其实是"雪盲症"：在雾或者雪中，天空和冰雪覆盖的地面都是白茫茫一片。地平线消失不见。直升机机身结上了冰。危险随时会发生。所以工作人员们必须随时关注天气情况。

为什么云会导致冰的减少

在野外的云的研究 →

想到云，就会很自然地联想到天气。毕竟云会直接影响到阳光的照射，影响到降雨或是降雪。对云很了解和擅长观察天空的人，通常都能对第二天的天气进行非常可靠的预测。

云层是气候拼图中尤其重要的一块。当然，简单的观测是远远不够的，因为这关乎它在很长的周期内产生的影响。在气候发生变化的时候，云也会发生变化，因为在更暖的大气层中，它会有不同的分布，但是怎样分布呢？为了了解云层对气候的影响，我们也使用了建模的方式，计算机根据建模数据做出了复杂的预测。

首先，必须获得云的相关数据。这就更复杂了：云变化莫测，其研究也并不简单。如果你观察天空中的云，就会发现它在不断改变。由于它们实在无法被捕获，甚至有实验室进行人工造云。要么就只能探索"自然形成"的云，就像探险队的科学家们所做的那样。

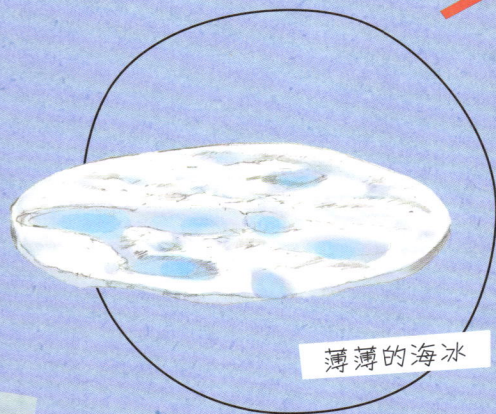

薄薄的海冰

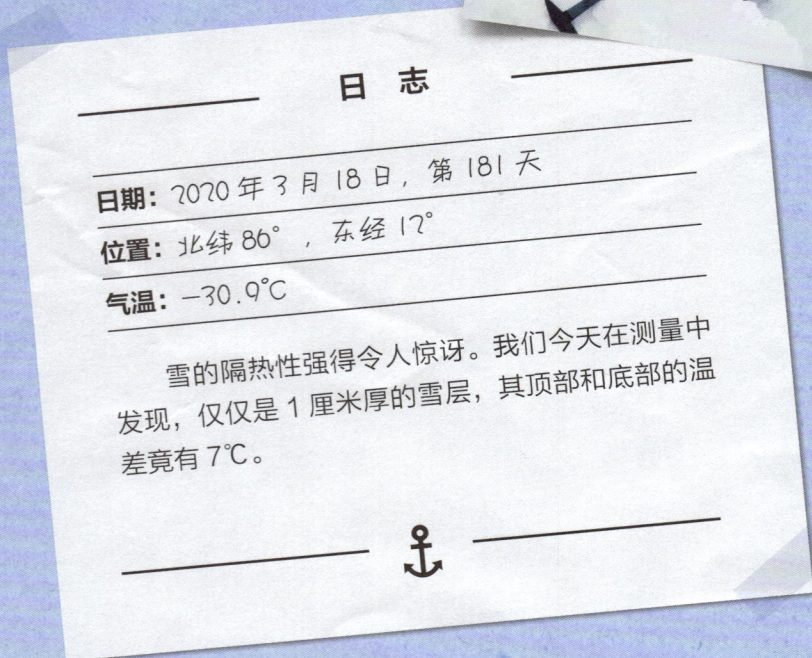

日 志

日期：2020 年 3 月 18 日，第 181 天

位置：北纬 86°，东经 17°

气温：−30.9℃

雪的隔热性强得令人惊讶。我们今天在测量中发现，仅仅是 1 厘米厚的雪层，其顶部和底部的温差竟有 7℃。

降雪

假设是一种科学性的预测。
科学人员的假设是这样的：

当气候变暖加剧时
……冰上的裂缝就越多
……水蒸气就越多
……混合相云就越多
……降雪就越多
……冰层就会越薄
……冰上的裂缝就越多
……气候变化就会越剧烈
……

气候变暖

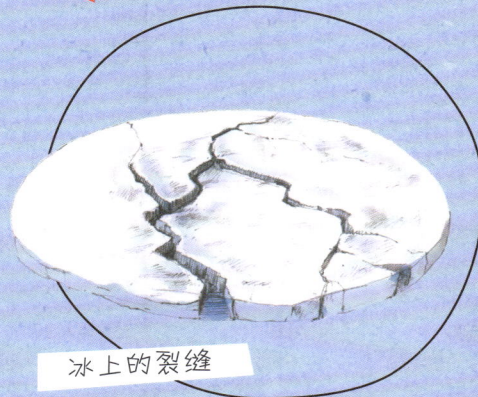

冰上的裂缝

这个假设是否成立？
只有探险队收集到
的数据才能验证。

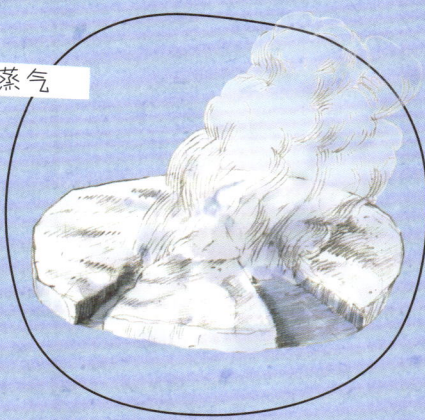

水蒸气

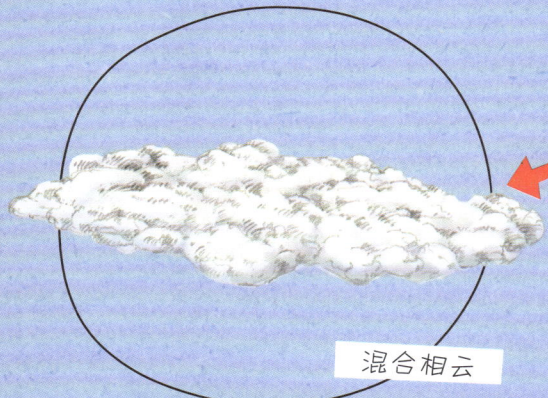

混合相云

雪在做什么

当无冰的海水接触到极寒的大气时，就会升腾起水蒸气。这些水蒸气也就是云的雏形。冰层破裂得越频繁，升腾的水蒸气的量就越大，从而形成的云也就越多。云也是分不同类型的，其中有一种让人觉得非常有趣的叫作混合相云。名字稍有些拗口，但也显示出了它的特殊性：它是由一部分冰冻的冰晶和一部分液态的水滴组成的。这种混合相云在平时也能经常被观测到，但我们对它的了解却并不深——至少迄今为止是这样的。大气科学团队正试图解开它在北极的秘密。至少有一件事已经搞清楚了：降雪从混合相云的云层中落下。雪是冷的，但同时隔热性和保温性又极强。当大量的雪落下时，雪层就如同一条保暖的毯子覆盖在海冰之上，将其与北极的空气隔离开，并且会阻碍一定量的海水结成冰。降雪越多，海冰就越薄。

由于雪的隔热性很好，北极地区的原住民因纽特人一直用雪来建造他们的冰屋。由于人的体温散热，冰屋内部甚至能达到 15℃ 这样一个舒适的温度。

云的复杂性

因为云层直接影响温度，所以大气科学团队捕捉云朵，希望了解北极的变暖为何会如此剧烈。根据云形成的类型，可以判断北极的降温或者变暖。这个条件关系已经向我们说明了：**云是极其复杂的。**

北极地区和我们生活的地区是一样的：当云层在晴天聚集时，通常就会凉爽下来。因为云层就如同一把遮阳伞。辐射在抵达地表之前就已经被云层反射回去了。

云层不仅可以起到遮阳的作用，也可以起到保暖的作用：如果太阳的辐射没有被云层阻挡，就会抵达地表并使其升温，地面（或者海冰）也会自行发散出无形的热辐射。当这种热辐射在返回天空的途中被云层阻拦后，就会被困在大气层中。正是由于云层的存在，地球变得更暖和了。

有一些类型的云会像浅色的海冰一样反射阳光辐射。

云所能产生的影响，取决于它的特性，例如高度、膨胀程度和含水量。在这里，你会看到几个例子。

每一朵云都独一无二，毕竟它的出现只有一次且停留短暂。研究它们是一项挑战。

让我们以悬于低空的湿气大的云层为例，它会降低太阳辐射的穿透力，在这样的云底下，温度会逐渐降低。

暴雪鹱是飞行艺术家，在北极浓重的云层下优雅地贴着水面滑行。

冰云不仅存在于冰冷的北极地区，也存在于我们生活的中纬度地区。有一种特殊类型的冰云被称为"卷云"。你可能认识这种羽毛云，它们看起来像是飘在高空中的细柔的羽毛。它们由冰晶构成，看起来有些"蓬乱"，这是因为受到高空中强风的侵袭。这些薄薄的冰云不会让太阳辐射全部通过，也几乎不会向地面发送热辐射。处于它们的下方，温度会迅速降低。

反之，高空的湿气大的云含有大量的液态水，会发送较多的热辐射至地表，在这样的云底下，温度会逐渐升高。

科研飞机"极地5"号在3000米的高空中飞行。这里是中高云层。

实验
夜里的云

我们在家里也能觉察到云带来的变暖影响，尤其是在夜里。无云的星夜，地表会将白天"收集"的热辐射发散回空中，这样的夜就会很凉。但当有云层悬于空中时，它们就会拦截辐射，并将其送回地表。这样的夜就相对温和。

当然，云的类型还有很多。每种都会对气候产生不同的影响。何况还有更加复杂的情况：一朵云是变暖还是变冷在很大程度上取决于区域、季节甚至是一天中的时间段。例如，在夜间，卷云的温度甚至会上升。

而在北极地区又有所不同：这里有些类型的云往往会带来升温影响，而在其他地区却是降温影响。这是漫长的极夜和太阳的位置低造成的。我们已经看到：越暖，冰上的裂缝就越多，就越会有更多的水蒸气进入大气层，形成的云也就越多，然后进一步造成气候变暖。

云的诞生

云层会加剧还是延缓气候变化呢？研究人员们迫切需要找到答案。想知道这一点，他们就需要了解在什么样的情况下天空中会产生什么类型的云。为此，他们观测了云的特殊时刻：诞生。

一朵云不会凭空出现。首先需要的是水蒸气，而在北极，水蒸气是从比空气温暖得多的海洋里升腾到大气层中的。但是，即使有水蒸气，也不会直接在天空中"结块"形成云。在这个过程中还需要很多必要的组成部分，比如其他飘浮在空气里的颗粒，即所谓的 气溶胶 颗粒。水蒸气颗粒会黏附在这些飘浮的微小颗粒上。当越来越多的这种组合物黏附在一起时，就形成了云。

究竟是什么样的神秘颗粒飘浮在空气中呢，尤其是以清洁著称的北极的空气？气溶胶颗粒在我们的星球上是无处不在的，大部分 起源于自然 ，它们是由例如藻类植物产生的化学物质释放到空气中而形成的。也可能是干燥的海雾形成的微小盐粒飘浮在空气中，其他的还有空气中的杆菌，火山爆发后形成的厚的灰烬，花朵的花粉，干涸的土壤的扬尘，甚至是一些可以被强风吹到北极的碎片和微粒。

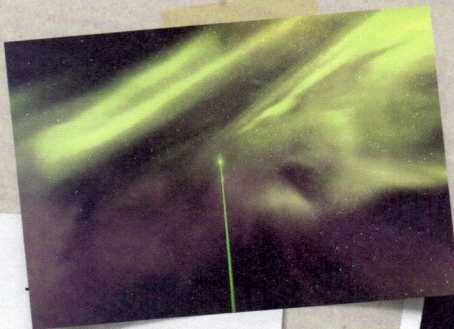

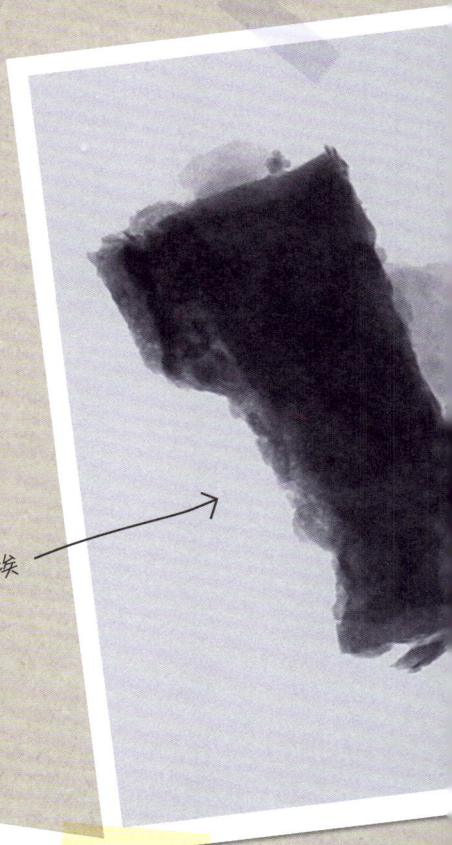

形成哪种类型的云，也取决于形成其的气溶胶的类型。

矿物质尘埃

海水中的盐粒

日 志

日期： 2019 年 12 月 9 日，第 81 天

位置： 北纬 86° 东经 120°

气温： −24.1℃

将激光射在云层上：我们的激光雷达设备看起来像是科幻电影里的道具。Lidar 是激光雷达的简称。其实，激光雷达不是无线电波，而是将激光束射向天空，击中云层里的温室气体或者是气溶胶颗粒。根据激光的反射和散射的情况，我们得知，粒子的量、大小及其化学组成成分。在激光雷达的帮助下，我们已经检测到了来自西伯利亚和北美的北极地区的气溶胶颗粒。这样我们就能对森林火灾、沙尘灰尘和工业污染进行溯源——甚至是北极点上的空气污染。

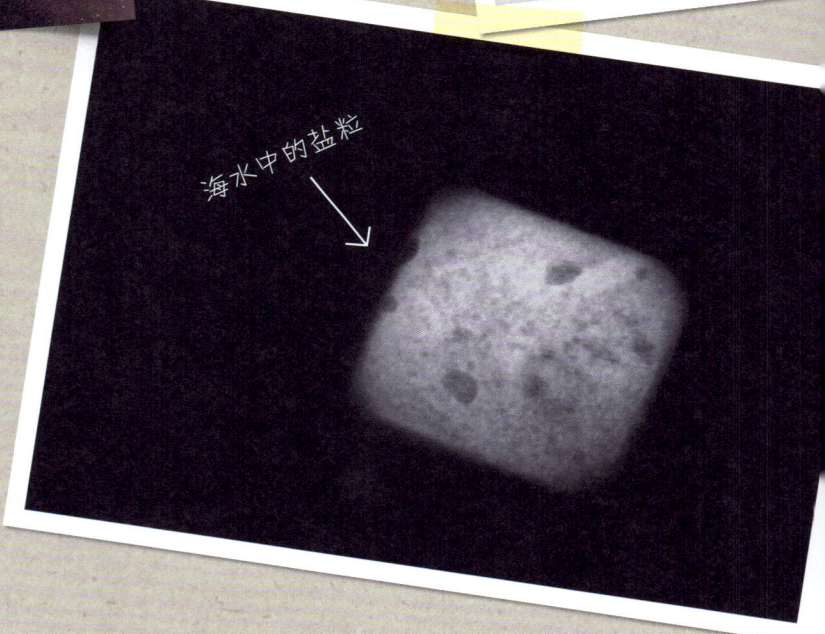

⚓

北冰洋里的藻华：这种造成藻华的浮游植物会产生一种我们称之为有"海洋的味道"的气体。在空气中，它也可生成云。因此海藻是小小的云——也是气候的制造者。

然而还有其他的气溶胶，来源于我们人类。它们从壁炉和工业烟囱中飘升，或者来自汽车或飞机的排气管。这些悬浮颗粒往往与温室气体二氧化碳同源！更糟糕的是许多气溶胶是有害我们的健康的。因为它们特别小，可以深入到我们的呼吸道中引发疾病。还有一些气溶胶因巨大的森林大火而进入大气层。这些森林大火大多是人类炮制的，比如南美洲的退林还耕。那里的森林必须给农田让地，以种植饲料提供给我们欧洲、亚洲和美洲进行大规模动物养殖。所以我们人类所吃的食物也和雨林的焚烧及气溶胶的产生有直接关联。在北极地区，我们发现了加拿大和西伯利亚的森林大火产生的悬浮颗粒——在过去的几年里，随着气温不断升高，在原本应该寒冷的地方，火灾却越发频繁。

← 死亡的菌类

气溶胶颗粒
微小，但不是隐形

气溶胶颗粒真的非常非常微小。人的发丝都比它要大成百上千倍。尽管如此，你还是能够看到它们：当天空因晨光或者暮光而呈现出红色时，气溶胶也悬在大气层当中。光线被颗粒反射，没有蓝色和绿色。此时如果你从远处看向一座城市，你就能看见气溶胶：人为造出的颗粒往往聚集在人口稠密的地方，形成所谓的钟形雾霾。白天的地平线不再是蓝色，而呈红棕色。

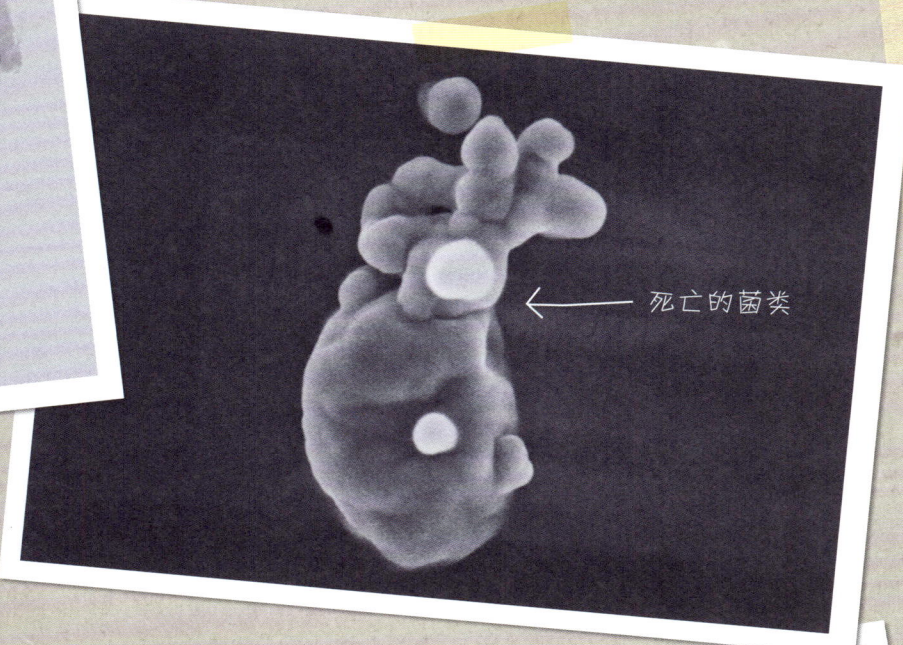

研究中的巨大谜团

在大气研究中，对小的悬浮粒子仍有很多疑问。比如，它们对地球变暖和气候有什么影响？哪些气溶胶出现在了北极以及它们的源头是哪里？这些都是探险期间一直在被调查的内容。从科研气球到激光设备，大气科学团队用各种仪器捕捉它们，还观测了哪些云是由它们形成的。在这一过程中，他们还和地球生命化学团队紧密合作，探索到了在这荒凉的北极地区中有一个天然的气溶胶源头：海藻。科学家们有这么一个猜想：由于气候的变化，浮游植物也就是水中微小的藻类，会大量繁殖。这样就产生了更多的海藻气溶胶，同时越来越多的冰上裂缝又释放出了更多的水蒸气。这都可能会改变云的形成，该团队正在密切关注云是会将北极周围的气候变得更寒冷还是更温暖。

神秘深海

打开"地下世界"
的神秘之门 →

68

海洋科学团队

　　如果没有海洋，地球上的气候将会完全不同。因为海水储存了大量的热量，并将热量输送到包裹地球的大气层里——也输送到一些极寒之地，比如北极。海洋和大气之间，存在着密切的联系，它们不仅会互相传递热量，也会互相传递不同的气体。在海洋科学团队跟随"极星"号潜入北极腹地之前，还鲜有人把科学探测器放入这片黑暗、冰冷又神秘莫测的深海之中。

在如此严酷的生存条件下，
美丽的管水母却给了探险
队一次奇妙邂逅。

环绕世界的洋流

纽约

湾流

洋流在海面之下有自己的世界。其中主要是暖流（红色）和寒流（蓝色）。

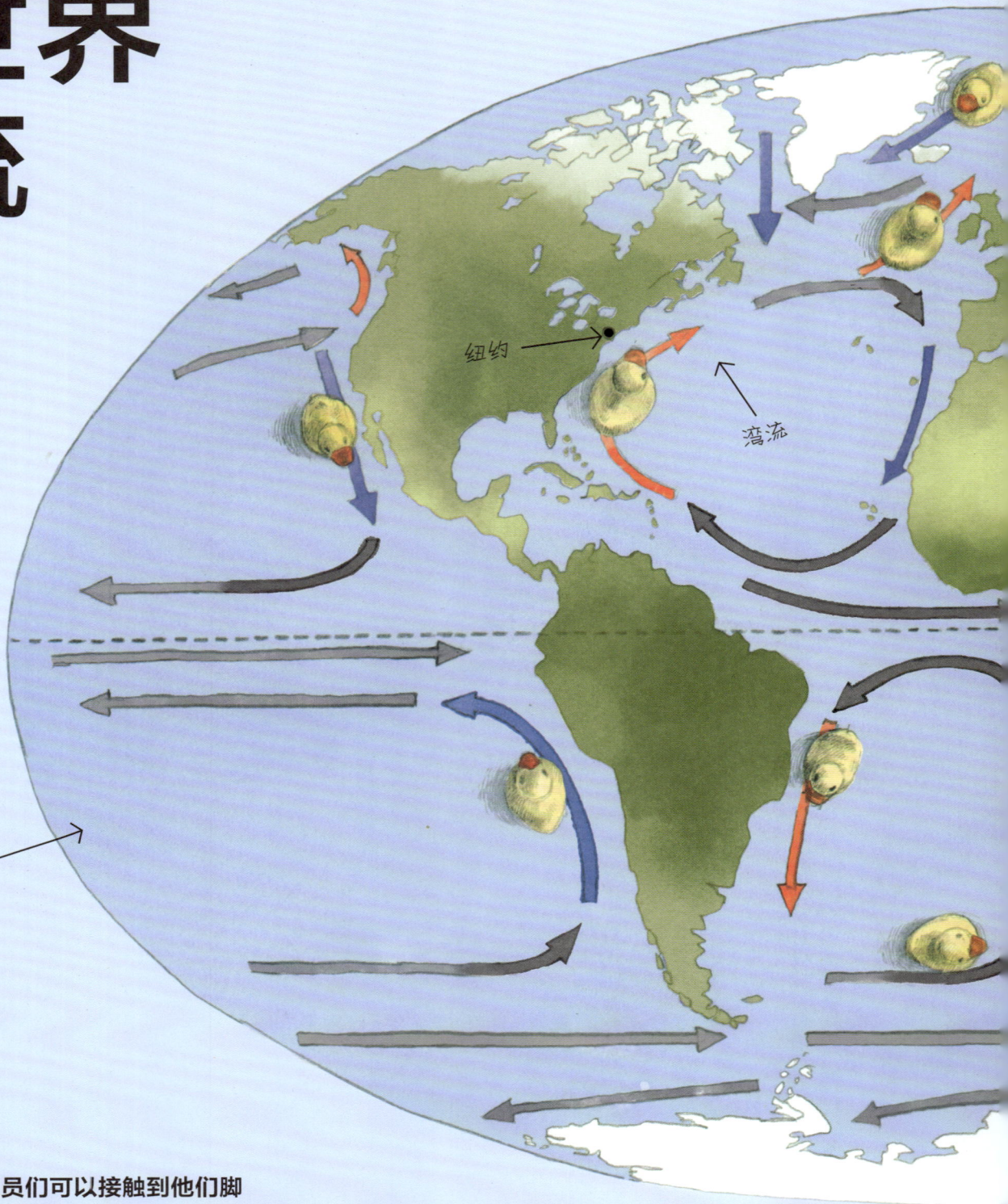

通过海洋之城的冰洞，研究人员们可以接触到他们脚下的北冰洋，也能由此接触到全世界，因为地球上所有的海洋都是由洋流连通在一起的。即使海洋团队在北极点找到一只彩色的橡胶鸭子也不奇怪，对，就是那种橡胶小黄鸭。

1992 年，一艘载着集装箱的货船在太平洋上遭遇了大风暴。这艘船的不幸却让其载有的货物纷纷落水各自奔向自由，其中包括 29000 只橡胶小黄鸭、海狸和海龟。在随后的几年中，它们为洋流研究做出了很大的贡献。它们被冲到智利、澳大利亚和阿拉斯加的海边，为科学家们了解洋流提供了巨大的帮助。这些货物当中的许多小家伙至今可能还在世界的某个地方漂流着，也许其中有一只已经漂到北极点了呢。

洋流堪称"海洋中间的河流"。这听起来很奇怪——洋流里的水强劲地流在海里形成与其他的水不相混合的一股。水不仅荡漾在海面，更在数千米的深处交织。它们相互交汇旋转，像瀑布一般沿着海床向更深处涌去，海面之下实则暗潮涌动。

世界上有八个特别大的洋流，都是被风驱动的。这些洋流不仅带着橡胶小黄鸭旅行，更带着热量、氧气、碳、

汉堡

湾流
欧洲的供暖体系
....

汉堡的冬季非常温和，但纽约的冬季却十分寒冷，尽管汉堡在地理位置上比纽约还要往北一些。那为什么汉堡和纽约会有不一样的冬天呢？原因就是湾流，世界上最大的洋流之一。它将热量从墨西哥湾，即美洲的东南海岸，输送到欧洲北部。如果没有湾流的存在，欧洲的平均温度会低 10℃左右——全年如此，并不仅仅是冬季。欧洲也会和现在不同，可能是一片相当贫瘠的陆地，没有繁花盛开的草地，没有阳光明媚的海滩，也没有夏日里人来人往的冰激凌店。

平衡调节着气候
↓

水能获取的热量很少——在长达数月的极夜里，根本没有阳光的热量。但洋流会将热量从赤道地区运送到极地地区。在前往极地的漫长旅程中，海水会逐渐降温，当它抵达极地时，已然恢复了凉爽。

如果没有洋流系统，两极地区和赤道地区之间的温差会更大，不仅是水温，气温也是一样，因为海洋和大气层之间一直在做热量交换。

营养物质以及冰山，甚至是失事或失踪的幽灵船，不幸的是如今还带着越来越多的垃圾。

可以说：就像橡胶小黄鸭这类的垃圾。

因为这些水流周游于地表——大型洋流被称为全球传送带——海洋对地球的气候和天气产生了重大的影响。当太阳照射到炎热的赤道地区的水面上时，那里的海水会变得非常温暖。但处于两极的海域，由于阳光照射不足，海

因此，我们不应该因为北冰洋是地球上所有海洋中最小的一个而低估它。虽然它的面积还不到欧洲的 1.5 倍，但它作为整个地球的一个冷却装置，在我们的气候系统中发挥着极其重要的作用。

71

充满惊喜的海洋

北冰洋是与众不同的，在它的深处相对温暖，海面的水几乎是淡水！

冰在北冰洋上的漂浮，实际上是一件令人惊奇的事情。因为在北冰洋大约 200 米深度的地方，洋流从大西洋带来了大量的暖水。所携带的热量之多，足以融化海冰！但庆幸的是，这种情况并没有发生，因为北冰洋里的 水层 非常分明。这些水层不仅可以交错流动，在温度和盐度不同的情况下，还可以层层叠加，因为它们的密度并不相同。在北冰洋的中部，上层的水温度低且淡（盐分低），如同一道屏障横在位于深层的较温暖的水和浮在水面的海冰之间。

在格陵兰岛附近的海域，洋流被温度和含盐量的差异所驱动。较冷的和较咸的海水密度较大，也因此较重，当其下沉时就会在海里造成剧烈的运动。顶部腾出的空间涌入了其他的水，强大的吸力在水中形成了一个 翻转环流。

但是由于气候变化，融化的冰块逐渐增加，北冰洋上产生了越来越多的密度小、质量轻的淡水——冰块几乎不含盐分。这就相当于气候变化造成的冰块融化稀释了北冰洋的海水，水的密度发生改变又影响了洋流的循环，然后再将这些影响造成的变化反馈到气候影响当中。

关于涡流

有时，一大股水从洋流中分离出来，自成一路。它们开始以转圈的方式在海里高速运动起来。科学上称这样的洋流为 涡流。涡流的直径从几百米到上百公里不等。如同气象图上的高压气旋和低压气旋一样，甚至从太空中也可以看到。

涡流在海水中旋转，并能将温暖或者寒冷的海水传输至远方包括北极地区。对海洋生物来说，这如同一种运输服务，因为它们也携带了重要的营养物质。

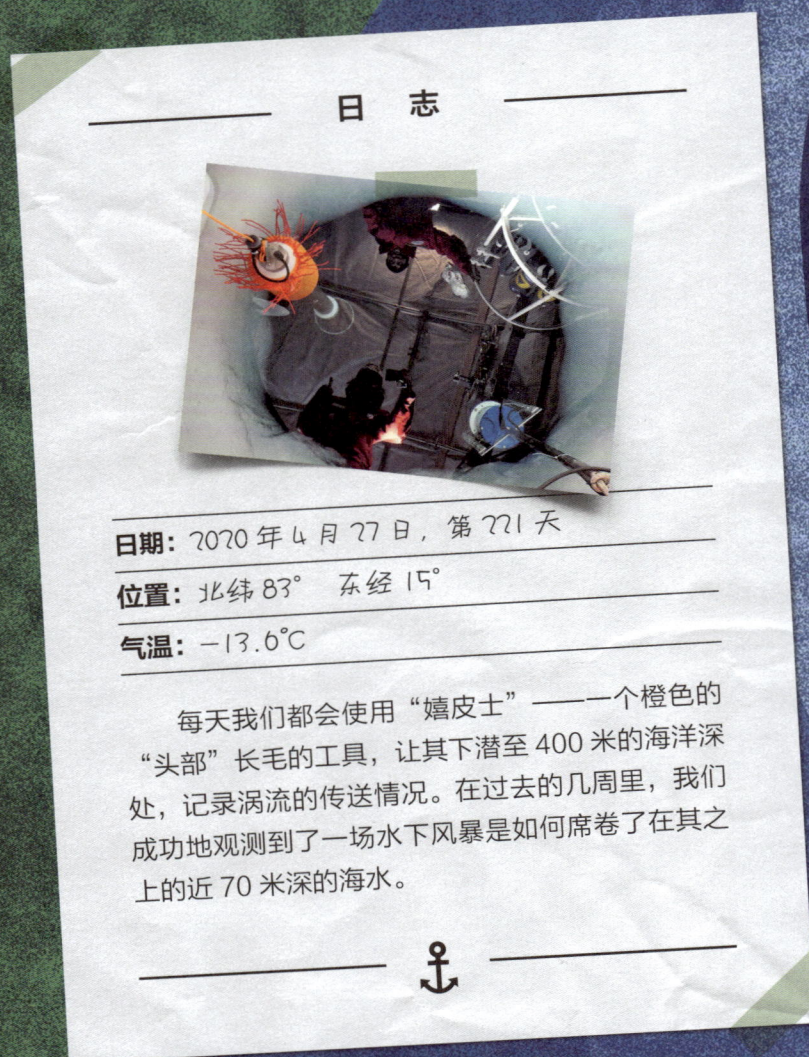

日 志

日期：2020 年 4 月 27 日，第 221 天

位置：北纬 83°　东经 15°

气温：-13.6℃

每天我们都会使用"嬉皮士"——一个橙色的"头部"长毛的工具，让其下潜至 400 米的海洋深处，记录涡流的传送情况。在过去的几周里，我们成功地观测到了一场水下风暴是如何席卷了在其之上的近 70 米深的海水。

⚓

这个工具是用来测量洋流的。不过熊族转访者也觉得它很有意思。

此外，涡流持有自己的护照：它们携带的营养物质或者微量物质的组成可以让我们知道它们来自哪里。微量物质是污染物的残留，如肥料或者药品，所以涡流携带的并不只有好东西。研究小组要捕捉涡流。他们要仔细研究这些涡流是否也将北冰洋深处的温暖的海水卷起，从而促进了海冰的融化。由于气候变暖，北冰洋里由大西洋涌入的洋流也愈加地暖了。除了涡流以外，海洋团队还对风起了疑心：研究人员观察到海冰和"极星"号是如何在剧烈的风暴中以更快的速度漂流的。他们的测量共同显示，在这种情况下，海洋表层的水层也被剧烈地搅动，因为在海冰漂流的拉扯下，下层的暖水也被翻搅了上来，这也可能是导致海冰融化的原因之一。

海洋专业研究员的话
——
北冰洋正越变越暖，也越来越像大西洋。甚至是来自温暖区域的动物也正在向北部区域迁移，这一现象被称为北冰洋的 大西洋化 。

越来越暖的海洋

斯万特·阿伦尼乌斯是一个聪明的人。早在 19 世纪末期，这位瑞典物理学家在看到燃煤的炉子冒出的烟雾时就猜测：这可能会影响到气候。尽管如此，在之后的近一个世纪里，气候变化依然被低估了。其中，海洋要承担部分责任，因为它跟我们玩了一个小把戏：它把气候变化的后果吞进了肚子里。

海洋是一个巨大的蓄暖池。人为造成温室效应时产生的大部分热量并没有被储存在大气中，而是被隐藏在了水中：目前为止，这种热量中超过 93% 都被海洋所吸收。

这就意味着，目前陆地上的我们承担的并不是很多，但气候变暖已经把海洋搅得天翻地覆。在"极星"号漂流过的弗拉姆海峡所处的海域，格陵兰岛和斯匹次卑尔根岛之间，温度为 3℃ 至 6℃ 的水随着强劲的湾流，穿过大西洋向北行进汇入北冰洋。在前往北极的路上，直至返回之前，水会逐渐冷却下来。但自 20 世纪 90 年代以来，来自大西洋的水流已经升温超过 1℃，这不仅影响了北极的气候系统，也影响了格陵兰岛的海岸。在那里，升高的水温已经导致了许多延伸到海里的冰川融化。

格陵兰岛

漂流的"极星"号

弗拉姆海峡

温暖的水吞噬着冰川，融化的冰川向着大海深处倾泻。今天，格陵兰岛的冰川融化速度相比于 20 世纪 90 年代快了 7 倍之多。

大西洋

海水在北极地区冷却后，就又会向南流动。

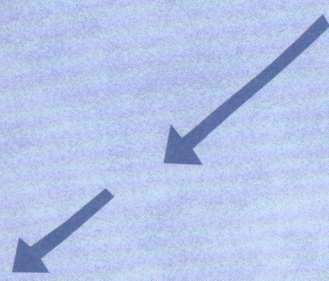

冰海救援
救生服
....

尽管海洋是地球的蓄暖池，但跌进冰层落入北冰洋的冰水中也是有生命危险的。这就是研究人员在执行有风险的任务时必须穿上特殊救生服的原因。即使在冰冷的水中，这套衣服也能让身体保持干燥，并让人不需要借助任何外力就能漂浮在水面上。

斯匹次卑尔根岛

在这里，来自大西洋的较暖的海水向北极方向流动。

被扰乱的洋流

与此同时，科学界多年来一直在观察一些令人惴惴不安的现象。强大的湾流正在减弱。格陵兰岛冰川融化的水可能是原因：当这些密度较小且质量较轻的水处于海洋表面时，密度大的水就无法再轻而易举地沉入深海。冰川融化的水削弱了全球洋流传送带的一个重要驱动力。因此研究人员认为，气候变化甚至可以通过这种方式让欧洲变得更加寒冷。全球洋流传送带越弱，湾流流速就越缓，影响了湾流从南方抽出暖空气输送到欧洲的海岸。

若是它枯竭了，大不列颠群岛、斯堪的纳维亚半岛及冰岛周边甚至会陷入北极地区般的寒冷。科学家们并不认为，一个较弱的湾流真的会导致欧洲地区的冷却。但这并不是我们这个星球的气候史上第一次发生这样的事情。在大约 10000 年前上一个这样的寒冷时期，在冰盖消融时，一个巨大的融水湖突然涌进海里，打乱了湾流对欧洲和北美地区的供暖，暖气被切断了。

挪威

警惕，酸！

我们真的应该对海洋报以感激之情，如果没有海洋，我们将遭受更强烈的气候变化的影响。我们排放的温室气体不仅导致了水温的上升，还会产生另一个影响：让海水储存了大量的二氧化碳。这会对海洋产生什么影响呢？

约 200 年前，自人类开始工业化以来，海洋就已经在吸收我们人类通过交通、伐木、畜牧及工业排放的二氧化碳了，吸收比例达到四分之一以上。如果这些二氧化碳没有被海洋吸收，而是存在于大气中，那么气候变化的速度将会更加迅猛。再次感谢你，大海！

当二氧化碳气体溶解于水中时，会产生碳酸。碳酸是刺激性的，就像是我们在喝汽水时，舌头上会产生刺痛感。但海洋并不喜欢这个口味，很多海洋生物也不喜欢。碳元素改变了海洋的化学平衡，因为二氧化碳，海洋的酸度已经增加了近 30 倍。所以，我们排放的温室气体不仅影响了陆地上的生物，同时也影响了水下世界。

含有碳酸的海水。

海蝴蝶
它们只有 0.5 至 3 毫米大小，既美丽又精致。

这种现象被称为海洋酸化。

大名鼎鼎的小丑鱼能长到大约 8 厘米长，它喜欢生活在珊瑚礁里。

CO$_2$更容易溶于低温水中，而北极地区有大量的低温水。所以，酸化对极地海洋的破坏尤其大。

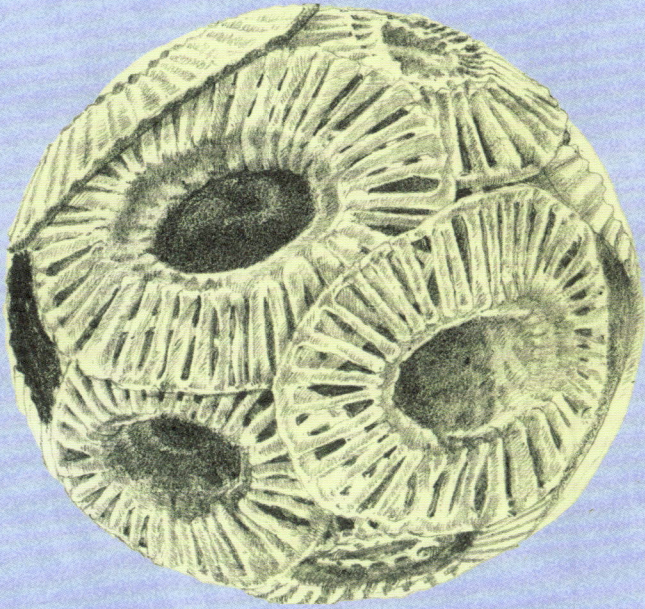

别开玩笑了
海水现在是酸的吗？

不，海水尝起来依然是咸的。海洋酸化并不意味着水的味道变酸，而是指酸性增加，或者说碱性减少。碱和酸是对立的，某种东西是碱性还是酸性，取决于酸性颗粒的浓度，并以 pH 值来测量。可以说，pH 值为 0 的情况下是强酸，pH 值为 14 的情况下是强碱（和强酸一样地危险）。海洋中的水一直呈现的是对生物非常友好的 pH 值为 8.2 的弱碱性。

但由于人为的温室气体排放，pH 值已经下降到了 8.1。虽然看着差别很小，但 pH 值有自己遵循的计算方式，一种取对数的运算。而 0.1 的差距，在酸碱度上已经差了 30%。

到 2100 年，海洋的 pH 值可能会下降到 7.7，这就意味着酸度增加了 150%！这对很多海洋生物来说，是致命的，pH 值下降得如此之快，它们甚至连适应环境的机会都没有。

这种单细胞藻类被称为 赫氏圆石藻，仅为千分之五毫米大小，在海洋中存在数量巨大，它的外壳由碳酸钙颗粒构成。

迷茫的鱼和缺席的海蝴蝶

对于海洋生态系统来说，这种酸化是一个很大的问题。科学家们观察带橙色条纹的小丑鱼对酸性增强的海水的反应时，发现它们的感知完全混乱了。当有捕食者靠近的时候，它们甚至是向着捕食者游去而不是尽可能地逃离。显然，鱼宝宝失去了嗅觉，再也无法区分出它们的父母和其他的动物。

酸化的海水对具有石灰质外壳的生物同样构成威胁：贻贝或藻类在酸化的水中无法再为其外壳产生足够的碳酸钙。同样，酸化海水会侵蚀珊瑚的石灰质构架，珊瑚礁一旦死亡，一个巨大的栖息地也随之消失。在北极地区，海蝴蝶已经濒临灭绝。它们是北极食物网中的关键物种之一，为海洋中的鱼类、鲸类、海豹、水禽、北极熊甚至人类提供食物。一旦它们灭绝，就会对这个食物网上的每一个环节都产生影响。

海洋还是垃圾场?!

几十年前从一艘集装箱货船里逃出来的 29000 只橡胶小黄鸭,帮助科学家们了解了很多洋流的信息。但这些漂流的橡胶小黄鸭并不孤单。与它们一起在海里漂流的,还有些糟糕的同伴:成百上千万吨的塑料垃圾。

欢迎来到塑料时代!无论是在我们的日常生活中,还是马路边的排水渠里,或草地和森林的小径上,都能看出,塑料是我们这个时代最为瞩目的材质,由此引发的问题也比气候变化要引人注目得多。塑料垃圾的降解速度非常慢。它们被风和水侵蚀,被太阳光的紫外线辐射分解,产生微小的颗粒,也就是我们所说的微塑料,然后留存在环境当中,困扰着我们人类。

尤其是暴雪鹱,受到了塑料蔓延的威胁。这些优雅的飞翔者从水面上获取食物。研究人员在死去的暴雪鹱的胃里发现了塑料。动物总是在不停地找东西吃来填饱它们的胃,但这些人造塑料制品是无法被消化的,所以它们在撑得饱饱的情况下被饿死了。

→

78

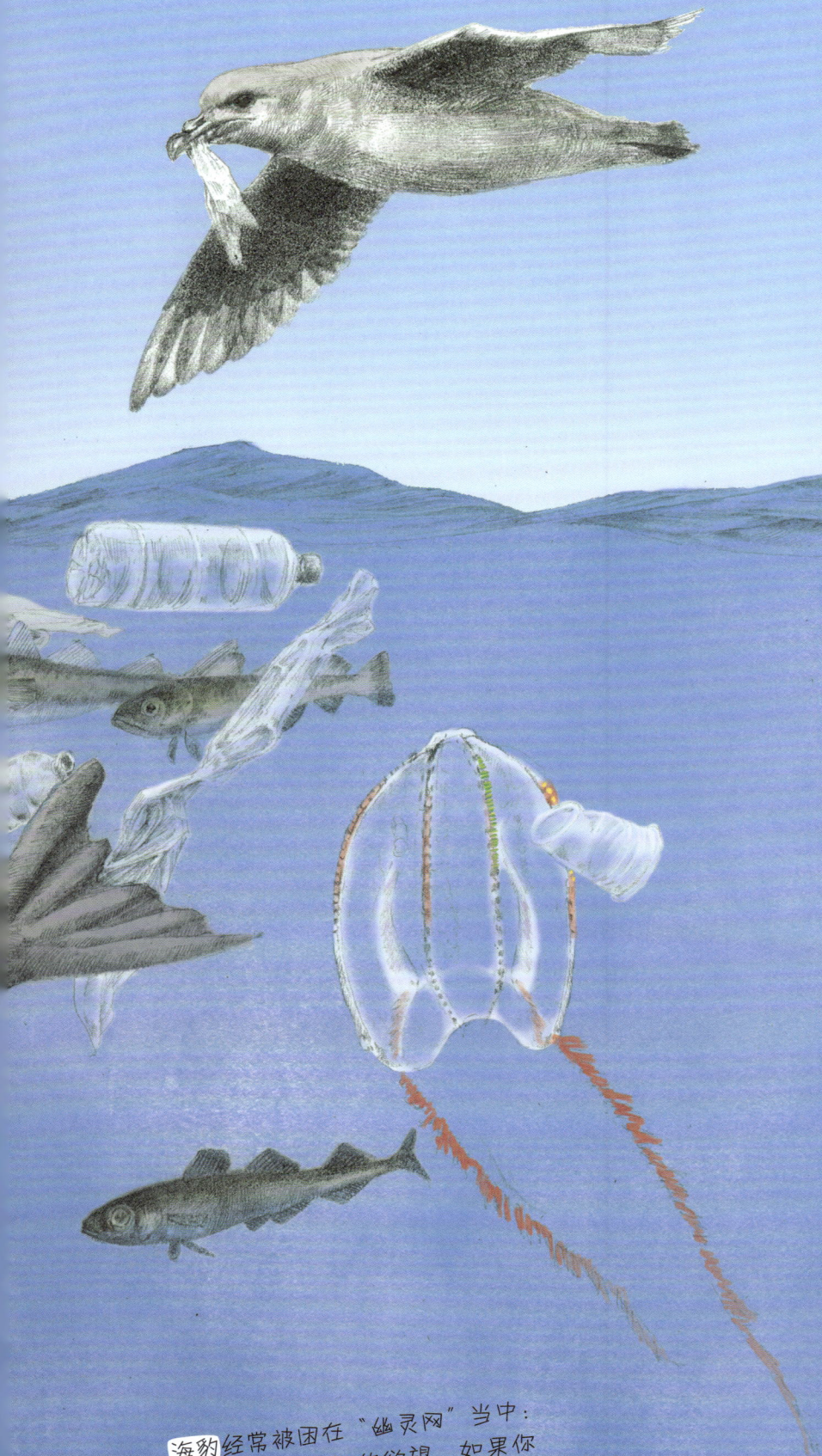

垃圾是如何抵达海洋的？

一次性杯子、餐具、包装、手机、衣物、鞋子、运动器材、渔网——几乎在所有领域里，我们都用塑料替代了天然材质。我们用塑料把自己的生活填满。橱柜里、冰箱里以及我们的日常生活中充斥着无处不在的塑料制品。从 1976 年到 2018 年，全球塑料制品产量猛增 700%！这是数量惊人的垃圾。海里的大部分塑料来自那些目前还没有试行垃圾分类回收的国家——比如一些东南亚国家。但这些垃圾往往并不是那里的人自己生产的，而是来自我们这些欧洲国家的人。为了摆脱垃圾的困扰，欧洲国家直接将垃圾卖去国外，但遗憾的是，这些垃圾并没有在那里被回收利用，而是被倾倒在不受控的回收点上。从那里，这些垃圾进入了自然界，再进一步进入海洋。

各种塑料需要多久被降解成微塑料？

塑料购物袋：20 年
发泡塑料杯：50 年
塑料瓶：450 年

微塑料被吃下去会有什么后果？

微塑料非常小。现在有越来越多的证据表明，这些粒子会在动物的体内积聚，但却无法为其提供营养。此外，在对贻贝进行的研究中证明，被吃下去的塑料会在其组织中沉积，并引发炎症。当螃蟹等生物吃了塑料之后，可通过食物网再传递给其他动物，包括人类。塑料本身含有增塑剂等不健康物质。此外，塑料垃圾对大型海洋动物产生的致命危害也是显而易见的。海龟、海豚和鸟类会认为塑料碎片是可以食用的。漂在水中的塑料袋看起来跟水母很像，在表面附着了水藻之后，闻起来也像是海龟的美味点心。科学家也已经多次在搁浅的鲸的胃里发现了数公斤的塑料垃圾。

海豹经常被困在"幽灵网"当中：被遗弃在海洋里的欲望。如果你在海滩上发现这些网状的垃圾，请将它们清除干净，这就是在帮助拯救动物。

79

在北极搜寻塑料

没有人知道海洋里到底漂浮着多少塑料。有些预测说，每年有超过 1200 万吨进入海洋。这相当于每分钟就有一卡车的塑料被倾倒进海里！其中的一部分被漩涡收集在了水面上，但更多的被海水侵蚀成为小颗粒，散布到海洋深处，随着洋流和风，在这个星球上四处游走，甚至能抵达最偏远的地方。

"极星"号的研究人员寻找着微塑料，这些微粒甚至已经进入了北极地区。你可能认为这是在干草堆里，或者说是在冰堆里寻找塑料针，但实际上现在在我们的星球上到处都能找到微塑料，在雨里，在土里，在动物体内，在冰川里，以及在海冰中。一项早期的北极研究就表明，一个研究小组在 1 升融化的海冰水中发现了 12000 个塑料粒子，这一巨大的数量甚至震惊了研究人员。

当一切都被填满时
我们还能做什么

很多！每天！每次，我们带着自己的购物袋去购物，尽可能少买塑料制品，或者在面包房买散称的饼干，而不是在超市购买过度包装的，这样都有助于减少塑料垃圾的产生。循环再利用也有助于保护暴雪鹱、鲸和其他海洋动物。

马里亚纳海沟是世界上最深的海沟。2020 年，一个研究小组在那里 6500 米深的地方发现了一种至今未知的端足目生物。但是这种虾已经认识我们人类了，准确地说：是通过垃圾，它的身体里已经有微塑料的存在。于是，这种动物被命名为"塑料钩虾"。

保护浮冰

"极星"号的探险团队格外注意尽量减少对浮冰和北极地区的污染，并尽可能不为增强温室效应"做贡献"。在冰面上不得有任何被丢弃的物品，人们一直遵守这一点，因为"有香味"的垃圾可能会吸引北极熊的到来，所以每天最好把所有垃圾都带回船上。在船上，垃圾会被进行分类，要么带回陆地处理，比如厨余垃圾；要么在船上进行燃烧处理，这对探险队也有好处："极星"号需要加热。随冰漂流的船使用的可是无二氧化碳的绿色驱动方式呢。

日 志

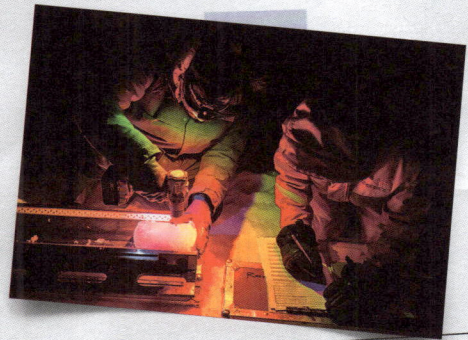

日期： 2019 年 11 月 23 日，第 65 天

位置： 北纬 85°，东经 120°

气温： −20.6℃

黑暗之角请关灯！地球生命化学团队在这里调查，微生物在冰里如何度过极夜——这些小生物也可以产生温室气体。我们用钻头取出长冰芯，并把它们带回"极星"号上的实验室里进行更详细的分析。同时我们必须避免一种污染：光污染。为了防止人造光源对北极生物产生影响，从而导致研究结果出现偏差，我们在黑暗之角只能使用红光。

⚓

日 志

日期： 2020 年 1 月 7 日，第 110 天

位置： 北纬 87°，东经 140°

气温： −29.1℃

极夜是鲜活的！无论是海豹、鳕鱼还是浮游生物：即使是在最严寒的深冬里，也是充满活力的——而且还啃了我们的数据线。几天以来一直有一只北极狐来拜访我们，其实我们挺高兴的……如果它能换个口味就好了，我们不能让它糟蹋自己的胃。

⚓

极端环境里的生灵

暴雪鹱

北极狐

　　它们追随着北极熊，吃北极熊剩下的猎物残渣。GPS 追踪器显示一只雌性北极狐仅用了 76 天时间就通过海冰从欧洲抵达了美洲——超过 3500 公里的距离！

冰藻

　　是北极地区最重要的食物供给来源。

北极环斑海豹

　　凭借其长长的爪，即使是厚厚的冰层它也可以扒开洞口呼吸空气。

北极鳕鱼

水母

北极短脚虾

骨架虾

白鲸

浮游动物

　　这些小动物以藻类或者其他浮游生物为食。

裸海蝶

　　这种带翅膀的小蜗牛也被称为"冰海天使"。

浮游植物

　　这些不同类型的微型藻类是浮游动物最喜欢的食物。

独角鲸

　　它的长角其实是一颗獠牙，在这个"海洋独角兽"捕猎的时候可能会被当棍子使用。

格陵兰鲨

　　脊椎动物里的"玛士撒拉"（《圣经》中记录的最长寿的人）：平均寿命 272 岁，甚至发现有活了近 400 岁的个例。

浮游动物

北极熊

谁在那里吃什么？
北极地区的物种是相互依存的——通过食物链的形式相连。饮食方面几乎没有替代品可以供给。

海冰生物群落
这是一个术语，用来概述生活在冰里的不同种的微生物。它们包括细菌、真菌、病毒、单细胞藻类，甚至是微小的多细胞动物。

生态系统团队

在数月的黑暗里，漂流海冰和水温在冰点左右的海水，和北极腹地相比，可以称为是舒适的生存环境。生机无处不在，海冰的周围充满了鲜活的生命：海冰之上，海冰之下，甚至是海冰的中间。在"极星"号的探险考察之前，科学界一直被这些未解之谜困扰：这些生物在极夜的黑暗里怎样活动呢？有多少能忍受得住寒冬？又有多少能够在极夜中保持活力？它们难道会依靠月光进行新陈代谢吗？食物链是怎样的？谁是谁的食物呢？当数月的黑暗结束，年初的光明回归时，又会发生什么？

生态系统团队正在仔细观察冰和海洋里的生命形式，试图回答这些问题。这些答案是我们迫切需要的，随着冰层的融化和海洋温度的上升，许多北极生物处于危险之中。北极正在发生巨变。我们必须了解，并以此做出正确的抉择来改善极地的生态系统。

海象
以胖御寒：这些生活在海岸附近的笨重的大家伙用厚达 8 厘米的脂肪层保暖。

底栖生物
海底被称为"底栖生物"的家园，例如甲壳类生物、海蜘蛛和蠕虫。

格陵兰鲸
它用它的鲸须过滤出海水里的浮游生物。

北极之王

北极熊前来
营地轩访

在白茫茫的北极地区，它们几乎是可以隐身的：北极熊，北极地区当之无愧的统治者，完美适应极端生活环境的典范。它们与来自阿拉斯加的近亲科迪亚克熊一同被认为是地球上最大的陆地肉食动物。"极星"号探险队深入了它们的领地，就必须做好自我保护的准备，避免受到北极王者的伤害。

如果你择起北极熊的毛（当然，我们不应该这么做），就会惊讶地发现：被白色的毛覆盖着的皮肤是近乎黑色的深色。北极熊是真正的御寒专家，它们的毛其实不是白色，而是透明的。当阳光透过毛发，直接照射在深色的皮肤上时，能最大限度地吸收阳光的热量。在皮毛下还有近 10 厘米厚的脂肪层用以御寒。

北极熊简介

拉丁学名
URSUS MARITIMUS

体重
约 600 公斤

高度
体长 2.5 米
肩高 1.6 米

时速
40 公里每小时
（奔跑时速）

在拉丁学名中，北极熊的名字与冰无关，意思其实是海熊。事实上它被视为海洋居民，是一种海洋动物。

所以在遇到熊时，企图奔跑脱险是一个没有意义的想法……

84

濒临灭绝的王者

北极熊生活在北极地区的海岸和大块的浮冰上，狩猎海豹。它们会在浮冰的呼吸孔边静候猎物的出现。通常，北极熊会避开人类，但它们的好奇心很强。

冰上营地的仪器也对此深有体会。

作为北极地区冰雪世界的王者，北极熊没有天敌。但气候变化却成了它们强大的敌人。随着海冰的消融，熊掌下的生计越发艰难：在陆地和北极点之间的海豹围猎区没有了浮冰的支撑，北极熊越来越多地滞留在海岸上。出于饥饿，它们只得在人类居住的区域和垃圾堆里翻找食物。据记录，2019 年曾有整整 50 头北极熊同时游荡在一个村庄里寻找食物果腹！

应对北极熊的紧急防护

为了保护自己和动物，探险队进行了一些准备以应对熊的拜访：冰上营地的周围有一根绊脚索。一旦被熊绊到，烟火火箭就会被点燃，光亮会吓退动物的拜访。在"极星"号的舰桥上，红外摄像头始终在观察是否有北极熊靠近。北极熊巡视员陪同科学团队一起在冰上作业。大多数科研人员在这方面都专门受过培训，巡视员们甚至会使用有夜视功能的头盔，一旦有北极熊潜入营地，每个人都会立即撤回"极星"号上。

北极熊可以几个月不进食，只要健康状况良好，在特殊情况下可持续 200 天不吃食物。但气候变化如果不能被控制，导致它们在海冰上的海豹捕猎季过短，即便是强大的北极熊也会被饿死。

体形和鳍让海豹成为游泳界的佼佼者，即便是北极熊的脚趾之间也有蹼。

搭便车穿越北极

北极鳕鱼是这样随冰旅行的。

小小的北极鳕鱼是真正的极端环境生存专家，它的血液具备防冻功能，并能将海冰作为旅行的交通工具。它已经完全适应了北冰洋的生存环境，也是北极食物链中一个重要的组成环节。

当北极熊主宰着冰面时，北极鳕鱼早已占领了冰层的另一面：北极鳕鱼年幼时生活在海冰底部纵横交错的裂缝和冰洞中，可以安全地躲避捕猎者。

浮冰不仅仅是北极鳕鱼赖以生存的家园，它们可能也会采取和"极星"号探险队相似的漂流策略：年幼时期进入浮冰，然后让自己随冰被带进北极地区。

生态系统团队正试图研究小小的幼鱼是如何在北极腹地的极端条件下生存的——依赖什么生存。目前仅了解到：在夏天里，小鱼以海冰底部和漂在水面上的浮游生物为食。在它们的菜单里还有很高端的食材：小的端足目生物。

因为它们以微小的浮游生物为食，同时又是北极大型脊椎动物的食物，所以北极鳕鱼就成为北极食物网中的重要组成环节。

只有当水温在0℃或者更低时，北极鳕鱼才会感到舒适。它们已经具备了这样的生存能力，体内的一种生化物质可以防止其血液在这种寒冷的环境中结冰。

日 志

日期：2020 年 2 月 1 日 第 135 天

位置：北纬 87° 东经 95°

温度：-35.5℃

通过拍摄鱼的相机和潜水机器人"野兽"，我们在海冰之下看到了一个奇妙的、令人惊讶的生动的世界。潜水对人来说是危险的，因为冰层随时可能闭合。在设备的潜行中，灵动的北极鳕鱼一次又一次地出现在摄像机的视野中。我们的全能型潜水机器人"野兽"经常兜着网子移动。它会捕捉一些小北极鳕鱼最爱吃的浮游生物。我们确切地记录了在这里所接触到的物种。甚至在最深的极夜里，我们还看到了海豹！

⚓

海洋的变暖和酸化

北极鳕鱼的生存环境正经受着严峻的考验。在温度较高和酸性较强的水中，孵化出的幼鱼要少得多，也小得多，生存的机会也变得渺茫。

海豹的"最爱"：
北极鳕鱼

北极鳕鱼以大型鱼群的形式生存，是海豹和海鸟的重要食物来源之一。如果没有了北极鳕鱼，以它为食的动物就失去了食物，接着北极熊也会陷入相同的处境。我们只有阻止气候变化的加剧，才能阻止这条"饥饿链"的形成。

冰海里的 "华"

← 为何藻类对北极地区如此重要

在此之前，研究人员还从未像在"极星"号探险考察期间这样近距离地观察过北极生物。由秋到冬，再由春至夏，科考在地球的北极地区持续进行着。他们可以准确地跟踪到影响生命的决定性因素：海冰和阳光，前者根据季节的变化扩张或消减，后者要么让北极地区一连数月沐浴在光明当中，要么就完全消失不见。

北极海冰并不像是坚固的淡水冰块，它其中存在着小洞状的盐水通道和卤水囊，准确地说，其构造像多孔的瑞士奶酪那样。也正因为这两种空隙的存在，在冰的底部和水的深处，北极生灵们赖以生存的基础营养来源——藻类欣欣向荣。

它们中大多是微型的单细胞生物。研究人员对它们进行了精确的分类，生活在海冰中的藻类毫无疑问地被称为冰藻，而生活在水中的是浮游植物。目前已知的北冰洋生物有超过 1000 个不同物种。

藻类需要光才能茁壮成长。只有在光照下，它们才能进行光合作用和繁殖——因此，它们在年初格外勤奋。当太阳再一次慢慢地回归到地平线之上后，越来越多的光首先落在冰盖上。冰融化之后，它们再进入水中，生命力便在冰天雪地里爆发。这种惊人的现象被称为藻华。这些小植物在浮冰的底部丛生成一条棕绿色的地毯，透过冰面上的融池看去，闪耀着最美的蓝绿色光芒。

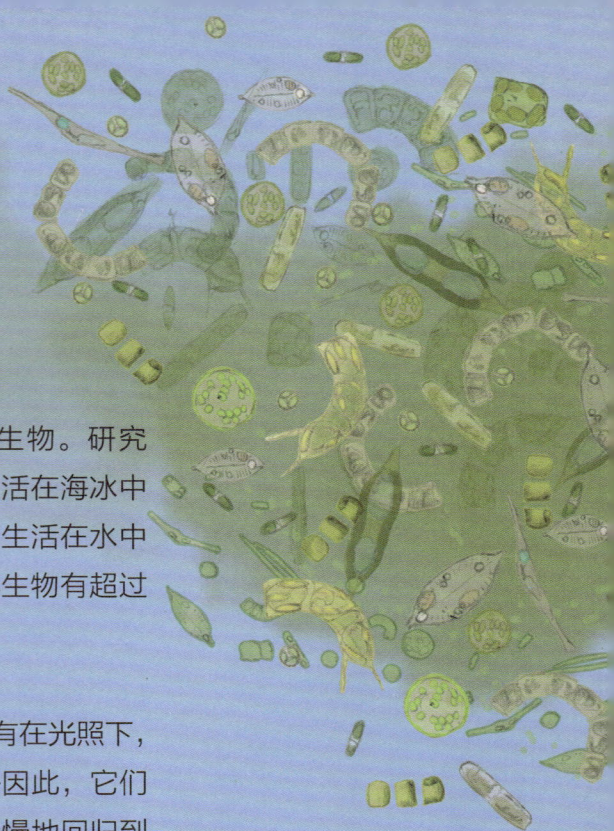

桡足类
（拉丁学名：copepods）

日 志

日期：2020 年 2 月 21 日，第 155 天

位置：北纬 88°，东经 66°

温度：-22.6℃
---

126 年前的今天，南森在日记里写道，他们捕捉到了小型甲壳生物，"它们发出强烈的磷光，以至于网子里的东西看起来像炽热的煤。我们今天还收获了闪着蓝光的桡足类生物。这个迷人的物种叫作长腹水蚤"。

⚓

北极鳕鱼捕食浮游动物

浮游生物中的动物群体，也就是所谓的浮游动物，现在终于摆好了餐桌。毫米级的甲壳类动物在藻华的食物供给下开始大量繁殖——它们本身也是北极鳕鱼，甚至大型动物如格陵兰鲸的食物来源。这些浮游生物如此微小，但它们在海洋生命体中的地位却举足轻重。在北极地区冰藻尤为重要。它们为北极动物提供了食物网中一半的食物量。因此，海冰还是生态系统的冰箱，里面装着极地动物的大餐。

关于"食物"
是链还是网?
·······································

不同的生物往往通过它们的饮食被联系在一起：一种植物被草食动物吃掉，草食动物又成为肉食动物的食物，以此类推。这种联系通常被称为"食物链"。但事实并非如此，因为自然界更加复杂。一种草食动物不是只吃一种，而是吃几种植物，一种肉食动物不是只捕猎一种猎物，而是多种猎物，它还有可能吃植物。因此就出现了一张密集交织的食物网。但由于北极地区的动植物种类很少，它们相互之间的依赖性更强，如果发生变化，例如一种植物或动物变得稀少，整张食物网就会变得愈加脆弱。

端足目
(拉丁学名:
amphipoden)
↓

浮游植物是微小的植物性生物。浮游动物是微小的动物。

海蝴牛
(有和没有"房子")
↓

海洋里的
超级英雄

对北冰洋的藻类感兴趣的不只有生态系统团队，地球生命化学团队的研究人员也一直在密切地关注着这些微小的生命体——或者说在观察它们产生的物质。他们正在寻找对气候有影响的气体，这种气体在世界的主要生产来源是：生物，包括人类、动物、植物以及微生物。

我们人类主要是产生并排放了二氧化碳，对气候产生了危害，而在北极地区，最强大的天然气体制造团体——浮游植物中的微型藻类——有着另一种天赋。看看它们在全世界的海洋中做出的贡献，微型藻类甚至可以被视为海洋里的超级英雄，并且还有着更多的原因。

硅藻是其中之一，还有装甲鞭毛虫及其他奇奇怪怪的海洋微生物。它们体形虽小但数量巨大，约占海洋生物总量的 98%，即活着和死去的有机生物体总质量的 98%。它们供养着鱼类、须鲸及无数其他动物：是海洋食物网的供给基础。如果没有这些小东西，海洋可能只是一汪没有生命存在的咸水汤。

我们每一次的一呼一吸，都要感谢海洋里的海藻。

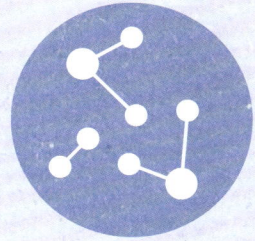

地球生命化学团队

地球生命化学团队无疑是此次工作内容最为棘手的团队。正如他们的团队名字所示，研究内容涉及生物、化学和地球科学。这个复杂名字的背后是巨大的科研热情：追踪影响气候的气体。地球生命化学团队对微量气体特别感兴趣，虽然它们数量稀少，但对地球的影响却十分重大。比如一些微量气体，如二氧化碳或者甲烷，都是破坏气候的温室气体。

北极地区的海冰就像一个盖子，决定了这些气体有多少能从海洋释放到大气层中，也决定了这些气体有多少能从大气层进入海洋里。也许这些气体也隐藏于海冰之中？为了研究海洋、冰和大气层中的气体交换，地球生命化学团队通过对雪、冰和水的样本进行分析，让微量气体自己显露原形。

回到气体这个话题：这里的浮游植物也非常勤奋。当藻类暴露于阳光下时，它们对温室气体二氧化碳非常贪婪。它们利用其进行光合作用，大规模繁殖。这对我们来说是有利的，因为这样这些小东西就会产生另一种气体，也就是在大气层中占了近乎一半的氧气——呼吸的空气来自海洋，而不是森林。还有更好的一点，因为藻类是所谓海洋的生物碳泵的重要组成部分。当它们死亡时，会带着其吸收的部分二氧化碳沉到海洋深处。这样，温室气体就沉下去了——这对气候很好。

浮游植物以此证明了哪怕是最小的躯体也能创造巨大的影响力。不幸的是，超级藻类是一个令人担忧的问题：在大部分海域，它们正在急剧减少，这可能也是气候变化的结果之一。但在北冰洋就不一样了，在缺少海冰冰盖的地方，喜光的浮游植物感觉舒适。它的"遗体和遗物"正在被地球生命化学团队测量和分析。该团队还在研究另一种由藻类代谢产生的气体。如果，你曾去过海边，就知道这种典型的海的气味。你可以从大气科学团队那里了解到，这种有气味的藻类气体对气候有什么影响。

融化加剧的迹象

大多数情况下，当我们讨论起温室气体时，首先想到的就是二氧化碳。但其实除了二氧化碳以外，还有其他的温室气体存在，其中有个影响效果特别明显的，那就是甲烷：它对气候的危害程度是同体积二氧化碳的 30 倍左右。作为一种微量气体，甲烷存在的剂量非常小，但不幸的是，气候的变化导致越来越多的甲烷正在进入我们的大气层。

海冰就像一个漂浮的冰柜，包括温室气体在内的气体和其他化学物质被困其中。目前尚不清楚，海冰是温室气体的源泉还是汇集处。它封锁住破坏气候的气体并阻止其产生影响。当二氧化碳在浮游植物的帮助下消失在海洋深处的时候，海洋就变成了温室气体的储存池。

说回甲烷，在全世界范围内，北极的大气层中的甲烷浓度最高。那么，是否有一个未知的甲烷来源呢？或是有一个甲烷汇集处，却不再积存只是释放？这是地球生命化学团队的研究主题：甲烷是否会随着海冰，沿着与"极星"号相同的路线和方向一起潜入北极腹地。

微生物的残羹剩饭

让我们往后退一步，进入泥潭。甲烷是微生物的产物。它在微生物分解有机物质时产生。在德国，大规模的畜牧业和垃圾填埋场是甲烷的最大产地。如果你认为甲烷是一种带有腐臭的气体，那就错了：它是完全无味的。这种温室气体最大的天然来源在北极地区的边缘，比如加拿大和西伯利亚一带，因为永久冻结带的土壤开始解冻了。永久冻结带的土壤是全年封冻的，在北极地区甚至可深达惊人的 1.6 千米！在北半球，有四分之一的陆地表面都是 永久冻结带——但现在全球范围内发生的变暖正在将它们变成泥泞和泥浆。随着冻结带的解冻，其中被封冻的植物和动物残骸也解冻了，它们原本的状态像是深冻在一个低温冰柜中，但现在却开启了一场微生物的盛宴。微生物分解残骸并产生甲烷，其中的一部分甲烷通过河流抵达北冰洋并溶于海水当中，而另一部分被封冻在海冰之中，像"极星"号一样跟随海冰在北极地区漂流。现在的首要任务是搞清楚有多少甲烷被海冰捕捉封冻，又有多少逃逸到了大气层当中，特别是在冰层融化越来越严重的情况下。

严寒之地的火灾

并非所有甲烷都跟随融化的永久冻结带流入北冰洋。一些温室气体直接进入了大气层并加剧了 温室效应，同时给居住在北极边缘地带的人们也造成了巨大的影响。2020 年 6 月，当"极星"号团队正寻找海冰中的甲烷时，在西伯利亚，世界上最大的永久冻结带保有地，掀起了一阵巨大的热浪。在上扬斯克镇，温度计显示气温高达 38℃，突破历史纪录！从 2020 年的 1 月到 5 月，西伯利亚的一些地区已经比往年同期的平均气温高了 8℃。和此前的一年，也就是 2019 年一样，西伯利亚的大片森林陷入火海，这种现象被称为 僵尸火，之所以这样称呼，是因为它们冬眠于地下，在春季时再次爆发。这是气候变化可怕的一面，同样也危及了在永久冻结带区域生活的人们。随着土地的解冻，道路下沉，房屋和运输油的管道被破坏。2020 年 6 月，俄罗斯发生了历史上最严重的油管灾难：西伯利亚一家工厂的一个巨大的破旧柴油罐发生泄漏，导致数千升柴油汇入自然环境，污染了水源。

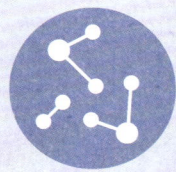

第三章

我们的北极，我们的未来

冰雪世界处境危险，当我们在拯救它的时候，就是在帮助我们自己。

随着时间的推进，大胆的漂流计划显然已经获得了成功。"极星"号仍然被冰层包围着。但天气正慢慢变暖，夏天就要来了，船上的人们准备向北极告别。

永远的告别？

许多研究人员都对海冰感到担忧。研究表明，如果气候变化不能得到控制，甚至在 2050 年之前，北冰洋上的冰层就会在持续数月的夏季里完全消失。这样，夏季的北冰洋就将再也没有冰层覆盖了。

海冰一旦消失，就能从北海（德国北部的一片海域）的海岸行船直接抵达北极点。在相同路线的航海历史中，不知有多少水手失去了他们的船，甚至是生命。冰层融化后，这段航程会变得简单得多，但北极熊和北极狐再也不会在北极闲逛，北极鳕鱼再也无法在冰海徜徉，冰藻再也不能与冰共舞，也就无法再为北极的生态提供最基础的供给保障。

北冰洋会失去表层明亮的冰面，失去"遮阳伞"和反射阳光的工具。北极的气候拼图将被完全打乱，对地球的气候系统也将产生更加剧烈的影响。

弗里德约夫·南森在他的漂流探险中未能抵达的地理北极点，"极星"号在冬天里比以往其他任何船只都要更加逼近。当破冰船从越来越脆弱的冰层中重获自由的时候，我们做了一个决定：探险继续，要抵达北极点。

2050？！

那将是此次"极星"号漂流探险结束后 30 年，但对于地球的生命历史来说却很短暂。

离 12 点还有 5 分钟！也许我们还有点时间和期盼！

没有冰的夏天？和我们无关！

我们可能是还能看到北极终年被冰层覆盖的最后一代人。

但好在，北极无冰的夏季到来的决定权掌握在我们手中。北极的未来取决于人类是否能有效减少温室气体的排放量。

也许在几十年之后，连帆船小艇都可以一路无冰地从德国开到北极点了。你能想象这一切吗？

探险日志

日期： 2020 年 3 月 12 日，第 175 天

位置： 北纬 87°，东经 21°

温度： −27.1℃

　　自去年 10 月 5 日之后，我们就没有再见过的太阳，今天终于又在地平线上升起来了！我们迫切地想知道，在极地的阳光再次降临之后，其生态系统会有什么样的反应。

　　也想知道当越来越强烈的阳光持续照射在冰面上时，又会发生什么。在经历了数月的极夜之旅后，"极星"号很快就要在北极春夏不会落幕的午夜阳光里漂流了。我们也要把我们最喜欢的极夜工具——头灯，换成用以抵挡阳光的太阳镜。

"极星"号在极夜里漂流了 159 天——其间一次阳光也没有见过。

日期： 2020 年 4 月 23 日，第 217 天

位置： 北纬 84°，东经 16°

温度： −16.6℃

　　春日般的温暖来袭，让我们和浮冰都"大汗淋漓"了。气温在短短一周之内从近 −30℃ 升高至 −2℃，又再次回到 −20℃，反反复复直到温度计突破了 0℃ 大关。

日期： 2020 年 5 月 10 日，第 234 天

位置： 北纬 83°，东经 13°

温度： −15.8℃

　　我们驻扎的浮冰也开始躁动不安了。冰上营地出现了很多冰缝和沟壑，我们经常需要使用皮划艇在各个站点之间穿梭。

在我们的考察接近尾声之时，我们才做了第一次的数据统计。

～～～

这一年中，有 442 人参与了我们的探险科考。此外还有数百人在补给船上和陆地上为我们提供支持。

～～～

科考团队的男男女女来自 37 个国家和地区。

～～～

我们提取了超过 1000 支冰芯作为样本。

～～～

我们放了 1550 次观测气球升空。

～～～

潜水机器人"野兽"在冰层下潜行了 84 天。

～～～

整个团队收集到了 150TB 的数据。

我们在探险期间吃掉了 6000 公斤的马铃薯，当然还有大量其他食物。

~~~~~~~

在冰天雪地的艰苦日子里，我们用 3500 板巧克力和巧克力棒来犒劳自己。

~~~~~~~

我们随行带了 7700 卷卫生纸。

日期： 2020 年 5 月 14 日，第 238 天

位置： 北纬 82°，东经 7°

温度： −2.8℃

昨天晚上，一只北极熊妈妈带着它的小宝宝拜访了我们。它们好奇地打量着"极星"号。出于安全原因，我们在船上打量着它们。逐渐消融的冰块给北极熊们的未来带来了很多不确定性。无论如何我们都祝愿它们"熊生"愉快！

日期： 2020 年 6 月 23 日，第 278 天

位置： 北纬 81°，东经 9°

温度： 0.4℃

我们正处于一个冰雪融化的季节，剩余的雪已经变得非常柔软且湿润。再见啦，厚厚的积雪，我们已经准备好防水胶靴了！

"极星"号随着浮冰总共漂浮了 3400 公里，其中包含一些环形和重复的路线。这个里程相当于从马德里到莫斯科的距离。

"极星"号距离人类居住区最近也有 1500 公里。

"极星"号在跟随强风推动浮冰的情况下，单日最高漂流航程达到 75 公里。

日期： 2020 年 7 月 31 日，第 316 天

位置： 北纬 79°，东经 2°

温度： 2.0℃

随着一声爆裂的巨响，我们的浮冰在昨天突然破裂了。幸好我们在前一天已经拆除了冰上的科考营地——真是一个英明的决定。整整 300 天的时间，我们随着浮冰漂流到位于弗拉姆海峡的格陵兰冰缘线。浮冰的碎片会漂到开放海域，并在那里融化。我们对它有些不舍，遗憾这块曾经被我们当作临时住所的浮冰即将走向生命周期的终点。现在我们要再次向北挺进进行其他的考察活动——在夏末时节新的冰块是怎样形成的。这就意味着我们要寻找新的浮冰了。

北极点

开始漂流

格陵兰岛

这是"极星"号穿越北极的旅行路线。

起始于特罗姆瑟

2020 年 7 月 31 日的位置

北极点的泳池派对

在冰上的这一年，"极星"号的员工们搜集到了庞大而宝贵的气候数据。但当破冰船在8月再次折返航行到北极点的时候，研究人员们几乎不敢相信自己的眼睛。

———— 日 志 ————

日期: 2020年8月19日，第335天

位置: 北纬90°

温度: -0.7℃

我们到北极点了!

竟然是航行了仅仅六天之后的事情! 在过去，我们刚穿越的这片海域，因坚实厚重的冰层而恶名远播，让人避之不及。但现在，在我们面前铺展开的是一片广阔无垠的开放性海域，水面一直延伸到地平线! 连我们经验丰富的船长，都称这种情况是"历史性的"。在接下来的几周里，我们将会观察随着秋季的来临，冰层会有什么样的变化。最后，我们再次出发，这次终于要回家了。在北极经历了13个月的冒险之后，我们预计将于2020年10月12日抵达不来梅港。

⚓

"极星"号正在前往北极点的路上。

↓

"我们见证着冰的消融。夏天，北极点的冰也融化得厉害。如果我们再不阻止气候变暖，北极点的冰层很快就会在夏季完全消失。"
——探险队队长 马库斯·雷克斯

1. 极端天气将会越来越频繁，热浪让真相昭然若揭。2003 年，所谓"百年一遇的夏季"在欧洲夺走了 7 万人的生命！

2. 气候变化会危及人类健康：在新的气候环境之下会出现新型疾病和寄生虫。例如，在德国，传播危险病原体的蜱虫越来越多。

3. 冬季运动？很多运动可能会成为历史。冰川将继续融化，阿尔卑斯冰川已经缩减了一半。一旦冰川消失，许多地区又将陷入水源短缺的境地。

4. 说到水源短缺，气候变化可能使得十亿人在未来受干旱和洪水的影响而无法获得清洁的饮用水。

5. 海平面将持续上升，威胁到沿海的城市及其整个地区，就像发生在萨克森州的洪水那样。

6. 和北极熊等物种说再见：由于气候急剧变化，动物和植物会无法适应，物种大规模灭绝的危机已迫在眉睫。

7. 对于本来就不富裕和贫瘠的地区的人来说，情况会更加糟糕：受到干旱和洪水的威胁，一些地区的饥荒会加剧。越来越多的人因气候变化、环境恶劣和社会危机而流离失所，引发更加重大的矛盾和冲突。气候保护也许可以帮助到这些人。

如果我们不赶快行动，气候继续变化的话，世界将会变成这样。

……如果我们什么也不做，任其发展的话，因为，我们每向空气中排放 1 吨二氧化碳，就会有更多的冰遭融化。如果我们继续排放温室气体，地球在 2100 年可能会气温升温 4.8℃。以目前海洋的增长水平来看，届时的升温甚至有可能达到 5.7℃！这种变化将波及全人类，许多未来有后代的人。这个情况，甚至可能现在就影响到我们这一代人。气候变化的方式和历史上我们所熟知的、大众看到的动物迁徙截然不同。这种重重叠叠的重要事件将给我们的地球带来更重的负担。

它们的未来看起来并不是很乐观……

浮冰变薄，北极的冰正在融化。北极"极寒"，如今也变得不那么寒冷了。在过去几十年里，温度以令人担忧的速度迅速增加，升高超过 10℃了！

极点争夺

并非所有人都认为海冰的后撤是一件坏事，也有人甚至能从这种气候变化的后果看出一些优势来：一个曾经因为冰层而阻隔了大部分人的区域现在正变得容易深入——包括工业和商业领域。

原料 世界剩余的化石原料资源中有超过20% 被认为储存在北极地区。这样的石油和天然气矿藏对于开采公司来说，极具诱惑力。尽管这些资源本身就是问题的一部分，使用它们也会加剧气候的变化。

运输 这样一来，大西洋和太平洋之间最短的海路将由北极直接连通。对于世界经济来说，这意味着更快更便宜的商品贸易——以及可能产生的更多的消费。

旅游 几年前一艘大型邮轮首次在航行中穿越了西北航道。从此，越来越多的人希望能亲眼看一看原始的北极风光。

渔业 在全世界海洋被过度捕捞和掠夺之后，深海捕鱼业将希望寄予此前基本尚未被人触碰过的北极渔场。

越来越多的游客聚集让这片原始净土陷入危机。很荒谬吧？

寒冷的北极受到火热的追捧。2007年，一支俄罗斯潜艇探险队将一面俄罗斯国旗插在北极点的海底。中国已在规划一条穿越北极地区的贸易路线，一条极地丝绸之路。2019年，时任美国总统特朗普想向丹麦购买整个格陵兰岛——遭到了明确的拒绝。

水下纷争

谁有权利拥有北极，这个问题将在北极的脊背上得到解决，准确地说是在 罗蒙诺索夫海岭 这条水下山脉上。它在海底穿越了北极腹地，也精准地跨越了北极点。

如果一个国家能够从地质学的角度证明该海床属于其大陆，那它就拥有所有权。事实上，曾经历过断裂和漂流的罗蒙诺索夫海岭数百万年前确实是大陆的一部分。丹麦，加拿大和俄罗斯都说：

> 它是我们的。

因此，海岭成了争端：谁拥有了它，谁就能拥有北极。谁能得到它，目前还是一个未知数。

北极是谁的？

北极的中部是国际公海

它不属于任何人

至少到目前为止。

在 17 世纪，海洋法明确规定了领海和公海的概念。公海区域是任何人都可以航行的区域。而针对领海，则有一个 "3 海里区"，大约是 5 公里的距离。任何外国船只都不允许在没有许可的情况下进入距离一国海岸线 5 公里之内的海域。5 公里在当时是炮弹飞行的最大距离。

20 世纪末，对炮弹的重视程度在降低，但对所有权的要求却在增加。1982 年，各国同意将距离领海基线 200 海里，即约 370 公里内的区域作为其专属经济区。这一规定适用于所有海洋，包括北极地区。这些国家被允许在这一区域范围内从事捕鱼或者矿产资源开采活动。在这之前，北极地区周围的国家对此都不太感兴趣，因为这片区域一直处于冰封状态。

如今，情况有所不同。新的盈利前景引发了人们的欲望与纷争。矛盾目前集中在相对不算极寒又极具经济价值的北极地区海域的主权纷争上，其实就是关于钱。

我们的北极点

值得关注的原因

北极的经济前景固然是可观的，但经济并不是全部。这一观点显然是与货船、客运游船、拖网渔船和石油钻探公司大量来袭的理由相悖。

石油污染臭气熏天

石油泄漏污染在运输作业中时有发生。如果一艘船在北极地区失事，在如此偏远的地区发生石油泄漏，会陷入比在其他地区更难对付的境地。

废水——进入水中

船只经常向海里倾倒垃圾和废水。其中含有化学物质和塑料这些本不应该在海水中出现的东西。巡游的旅行邮轮也被认为是污染源之一。

鲸的耳鸣

船只和水下采矿会产生巨大的噪音。噪音在水中的传播比在空气中的传播要高效得多。海洋哺乳动物深受其害，并可能因此得病。被噪音困扰的鲸甚至经常会迷失方向而丧生，例如搁浅导致的死亡。

白色冰上的黑色污染

船只通常被一团黄灰色的废气所笼罩。大型船舶使用的重油，是炼油厂带有毒性的废料（顺便说一下，"极星"号不是这样，她使用的是特殊的北极柴油）。事实上自 2020 年起，重油被禁止用于船舶运输，但人们总有办法绕过禁令。而且，即使使用其他燃料，船舶也会排放出大量的二氧化碳和烟尘颗粒。当烟尘颗粒沉淀在海冰之上时，海冰就无法再反射太阳辐射。

将这些原料留在原地才是明智的做法，对北极地区和气候来说也是最好的。

从未征询

居住在北极地区的人口大约 400 万，其中原住民约 40 万。他们生活的区域也都不同：长久以来，因纽特人生活在格陵兰岛，尤皮克人生活在阿拉斯加，涅涅茨人生活在俄罗斯。他们对国家利用其故土发展工业各持己见，但他们的态度往往在经济和政治决策中起不到主导作用。

还有原料？

人们对化石燃料的利用引发了气候变化，而现在要在北极开采的又是这些燃料：石油和天然气。通过气候变化才得以获得的原料又进一步加速了气候变化？还进一步破坏了北极地区？！这是一项荒谬的计划，不是吗？如果要给这样一份作业打分，这种想法只能得最低分：这简直不可理喻！

围绕北极点的规则

幸亏环北极国家之间也有规则来保护这片美妙绝伦又脆弱无比的世界。各种机构组织一方面在努力维护生活在北极地区的 400 万人的利益，另一方面也在保护自然界不会因经济发展而受到影响。北极理事会就是其中之一：它支持沿岸邻国之间的合作，重视土著居民的权益。甚至还有专门的"极地守则"来规范极地水域的航行，使之更加安全。但直到 2018 年，许多国家之间才达成了一项协议：禁止商业捕鱼。至此，更多人了解到北极地区的脆弱性和捕鱼带来的恶果。

这些措施是重要的，但仅靠机构组织和协议是无法挽救北极的，这需要我们所有人共同努力。

我们需要你！

北极大营救随时需要你的加入

首先要说明的是：如果我们不采取任何措施的话，气候情况只会日益糟糕，北极地区也不容乐观。

但情况是可以改变的。

虽然大多数人对北极鲜有了解，但越来越多的人开始意识到，眼下的气候变化是地球面临的一个巨大难题。气候变化已经直接影响了我们和我们所爱的人的生活，也会影响到我们的子孙后代。

"极星"号找到了气候系统拼图里缺失的那一部分——来自北极地区的气候数据。这些新的信息将帮助全世界的科学家们更好地了解北极的变化对地球的其他地区来说到底意味着什么。有了更好的气候预测，政策制定者也能够做出更好的决策：为了气候，为了北极以及整个地球。

但是，拯救北极和地球需要我们一起努力。

这里是你的照片。

拯救地球

一派胡言！

如果我们都依赖其他人采取行动拯救北极，那不才是北极真正的危机吗？

没有意义
一己之力毫无用处

有些人说："一个人的努力也改变不了什么。"并不是！如果每一个人都能起到一点小小的作用，在越来越多的积累下，一定是会起到重要作用的。一定是这样，不是吗？

所以北极也需要你

北极——保护指南

众所周知万事开头难。但也有诀窍：开始的时候不要给自己设定太高的目标，从一小步出发就可以。

北极和气候保护的公式是：
我们必须减少我们的生态痕迹。

应该怎么做？

- 减少二氧化碳的产生
- 减少垃圾废物的产生
+ 理性消费（不要铺张浪费）
+ 增加对地球的了解和环保意识

＝ 拯救气候的一小步

← 虽然听起来有点复杂，但这是我们每天都可以为保护气候而做的力所能及的事情。

这些措施如何实施呢？

有一个每天都可以使用的妙招：做选择——为北极和我们的气候。

我们的日常生活里充满选择，决定很容易做，但也有一些是需要勇气的。气候保护的选择可能会让你过得不像以前那样舒适，但是也可以成为我们的生活新习惯——比如，用骑自行车来替代开车作为交通方式。人们是时候为气候保护做一点生活上的改变了，看看气候调查问卷吧。

我们宁愿现在忍受一点改变上的不适应，也不希望在未来被气候变化的后果所伤害，是吗？

一个气候拯救日的简单日常
你会做哪些选择呢？

下床并打开暖气
A 不要把温度设置得太高
B 开足暖气并打开窗户

温度每降低1℃就能节约6%的能源，还有暖气费。

早上起床后的淋浴
A 调很高的水温洗很长时间的澡，用塑料瓶装的沐浴露
B 适当的水温，尽量缩短淋浴时间，用没有塑料包装的沐浴皂

节能，减少塑料垃圾的产生，且有利于护肤。

上学上班的路上
A 以车代步去上学
B 骑自行车或者乘坐公共交通工具

在减少空气污染的同时，更让你拥有健康的生活习惯。

课间或者外出路上
A 用可以多次使用的饭盒携带三明治和用金属保温杯带水或饮品
B 吃塑料包装的速食食品，再喝一罐罐装饮料

自带自制食品看起来还挺酷的！

这不只是减少塑料垃圾的产生，还能避免用以生产一次性包装的材料带来的资源浪费。

在学校

Ⓐ 想象在学校里怎样能做到对气候更加友好，比如在学校公共区域或者在课程中增设有关北极和气候保护的主题

Ⓑ 把皮球踢给老师

这样更有乐趣，也更有意义。

不要一切都指望老师，自己要变得主动一些。学校的环保程度甚至也是有排名的。

午餐后

Ⓐ 扔掉剩饭剩菜

Ⓑ 留下剩余的食物并在第二天加工成其他美食

在德国，我们每年人均倒掉 75 公斤的食物。这也加剧了全球的变暖速度，粮食生产需要土地、原料、水和运输资源。

购物时

Ⓐ 一次又一次被降价和低价诱惑

Ⓑ 认真问问自己是否真的需要那部新手机、那件新衬衣或者那双新球鞋

消费品的生产和运输都需要原材料和能源。在通常情况下，还会产生额外的环境污染，例如在给衣物染色的过程中，或者在为生产我们的手机和电脑开采新材料时。

午餐时间：除了香脆的炸薯条以外

Ⓐ 选择一个素食汉堡（也就是所谓的"植物蛋白制品"，可以从豌豆、小麦等中获得）

Ⓑ 吃一个牛肉汉堡

有一个很好的折中办法：购买二手物品。这样你既能拥有新的物品，也不会造成更多的环境损害，还对钱包很友好。

为了生产牛肉，需要使用牧场和耕地，需要种植饲料，而奶牛本身也会产生甲烷气体，这也是一种温室气体。为了计算过程中产生的温室气体对气候的影响，有一个叫作 CO_2 当量的质量单位。仅仅 1 公斤的牛肉就会造成 12 公斤甚至 100 公斤的破坏气候的二氧化碳当量——取决于产地。以植物为基础生产的替代品，如富含蛋白质的豆子，平均值是 2 公斤二氧化碳当量。

在超市

A 购买没有塑料包装的应季果蔬，用自带的购物袋盛放

B 购买来自世界各地的带塑料包装的食品，然后再装进塑料袋里

这些温室种植的草莓的种植和运输都要耗费大量的能源，并且味道也不尽如人意。

在路上

A 对森林里和路边乱扔垃圾的行为感到愤慨

B 约上几个朋友一起，简单地清理被乱扔的垃圾（要戴上手套哦）

听起来似乎很不公平，为什么要清理别人乱扔的垃圾？但这是一个很好的行动，你可以在网上发布——一定会引起更多人的关注、认可和参与。

放松方式

A 在家里最大的屏幕上用高清方式播放你喜欢的剧集

B 读一本令人兴奋的书

开/关

在夜里

A 彻底关闭所有不需要使用的电器电子设备

B 让电视、电脑及显示屏都处于待机状态

待机模式是一个真正的耗电大户，而且完全没有必要。

和家人朋友共进晚餐

A 组织一次自行车或者火车穿越欧洲的旅行

B 计划一次飞机旅行（甚至是去北极航游）

晚上找父母闲聊

A 恳求得到一部智能手机

B 让他们改用生态电力帮助地球摆脱碳排放

挽救极地
远离高碳

从德国到马尔代夫的度假航班（来回 16000 公里）造成的气候破坏和一辆中型汽车行驶超过 25000 公里造成的一样多。这已经环绕半个地球了。

在德国，能源部门的二氧化碳排放量占 40%，大部分的电力仍然来自燃煤发电站。

告别是为了再见

在一年的时间里，"极星"号随着海冰一起旅行。船上的人历险无数，他们遇到过北极熊，经历过北极的风暴，他们在极夜里探索北极，研究了海洋、海冰和大气之间的相互作用。当研究人员在拆除营地帐篷时，他们期待着能够顺利回家，但心里也有些许不舍与留恋。毕竟，他们正在向北极告别，一个有可能会消失的冰雪世界。但愿只是暂别，因为北极的未来与我们的未来息息相关：我们可以为我们的世界挺身而出，我们有权利参与决定我们的未来。

探险在这里结束了……
但北极的未来从现在开始。

你愿意参与到气候保护中来吗？

在今天

也许你和世界上许多的年轻人一样，已经认可了气候倡议，并与气候保护者们和北极营救者们为了地球而站在了一起。或者，你还没有下决定，但是现在开始也不晚……

也许你会为气候发声，要求更多的人认真对待气候保护。

也许你会勇于挑战那些影响地球未来导致北极融化的规则和习惯，也许你会向更多的人讲述帮助他们了解更多并能做出更好的选择，时间会证明这些行为是有意义的。

也许，你不能每时每刻都站在北极和气候保护的立场上，但这也没关系，你不需要随时随地拯救世界，没有人能做对所有的事情，我们只需要尝试着去做得更好。也许你已经走出了第一步，已经有了很好的想法，可以让世界免受气候变化的影响？

在未来

也许你已经对你的生活有了更加深远的计划？

也许你在业余时间里可以做一些同环境保护和气候保护相关的事情，比如开启志愿生态研究年？

也许你决定从事一个可持续发展的职业——或者你甚至可以成为一个创新发明家。

也许你想参与政治，以便在那样的职位上做出正确的决定。

也许你会发起气候保护倡议，毕竟近年来最有效的倡议都是由年轻人发起的。

也许你会决定成为一名极地研究人员或者气候科学家。或者是无线电操作员、摄影师、船长、医生或者气候学家，在"极星"号这样的科考船上工作，去探索世界，以便能更好地了解和保护它。

也许，我们甚至会在下一次的科考探险中见到你，一起去探索北极。希望那时候北极的海冰，因我们在此期间为气候保护所付出的努力，并未消融。

你可以参与塑造未来。为了北极，为了我们这颗星球。很高兴能有你的参与！

术语表

阿尔弗雷德-魏格纳研究所

该研究所是世界上最著名的极地与海洋研究中心。其总部设置在不来梅港，在波茨坦、赫尔戈兰岛和叙尔特岛等地也设有研究中心。研究所的科学家不仅会乘坐"极星"号前往地球上最偏僻的地区，还会在南极的诺伊迈尔站等科考站进行研究。他们的主要研究领域是：世界上的海洋和极地地区在地球日益变化的气候系统当中，扮演什么样的角色，起到了什么样的作用。

气溶胶

这些微小的颗粒飘浮在大气层中，可以被吹到相距甚远的各个地区。它们由各种各样的物质组成，如火山灰、花粉、海盐、沙漠的沙粒、烟尘甚至是细菌。它们中有许多也成了云的组成部分。

反照率

能够衡量表面反射太阳辐射的强度，如海冰、雪或者冰川，也包括沥青、森林或者水，表面的性质决定了反照率的高低。反照率为1就意味着光线完全被反射，0则意味着完全被吸收。新下的雪特别明亮，反照率高达0.95，覆盖在水面上的冰反照率约为0.7，这意味着它的反射率相对雪而言并不是很高。而水几乎没有反射。根据太阳光线的入射角不同，它的反照率在0.07到0.1之间，因此它很大程度上能吸收太阳光并升温。

人为的（Anthropogen）

人们经常谈论"人为的温室效应"或者"人为的气候变化"，这指的是人类行为导致的温室效应和气候变化。这个词来自希腊语"ánthropos"，意思是"人类"，其词根gen-表示"形成"。作为一个专业术语，它指的是由人类影响、制造或生产的一切，如塑料（只有人类才可能生产）等材料到气候变化等环境变化。

大气层

由"蒸汽球"一词翻译而来，指的是包裹在地球周围的气体层。没有大气层，我们的星球上就没有生命，因为它给予了有利于生存的温度，储存着我们呼吸的氧气。气候研究人员对在大气层中的一切发现尤其感兴趣，如云、气溶胶、风、湍流、温室气体以及臭氧层。

北极地区

指的是环绕在北极点周围的地区，与它相对的是地球南端的南极地区。可以很容易地通过北极熊或者是企鹅的存在来区分。北极熊只出现在北极，反之，企鹅只出现在南极（如果在一张照片上能同时看见两者，那肯定有问题）。极冠位于北极的中心，周围环绕着北冰洋，这一地区也被称为"北极腹地"或者高纬度北极地区，是地球上环境最极端最恶劣的地区之一。但亚洲、欧洲和北美洲大陆的北部也有一部分属于北极地区，以下八个国家被视为"环北极国家"：丹麦（含格陵兰岛）、芬兰、冰岛、加拿大、挪威（含斯匹次卑尔根岛）、俄罗斯（含西伯利亚）、瑞典、美国（含阿拉斯加）。

北冰洋

北冰洋是世界上最小的大洋，约有1400万平方公里。它围绕着北极点延伸至附近大陆的陆地。它也被称为"北极海"或"北极洋"或"北方冰海"，但它的冰消失得越来越快。

探险

源于拉丁语词"远征"。例如恺撒大帝的出征——但这个词的含义在今天已经改变。探险活动大多是科学性质的，常以研究为目的，有规则有计划地前往偏僻地区进行一些挑战。

冰漂

海冰并不是静静地铺在水上：风和洋流会带着它在大洋上漂流。漂流通常会遵循着一个主要的方向。在北极地区的漂流有两个大方向：跨极地漂流——从西伯利亚海岸出发向着弗拉姆海峡（格陵兰岛和斯匹次卑尔根岛之间的海域）漂流，以及波弗特流涡——一个位于阿拉斯加北岸、格陵兰岛和加拿大之间的巨大漩涡。

极端天气

如暴风或是骤雨的恶劣天气，被称为极端天气，它也同时意味着雷暴或寒流。极端天气一般很少发生在一个特定的地方或者一年中固定的时间，否则就不会被认为是"极端"，异常和严重是其特性。诚然，极端天气的出现不能简单地归咎于人为的气候变化，但这是让极端天气不再罕见甚至是频发的原因。

化石燃料

人类将其作为首选能源，但也导致了气候变化。化石、碳基燃料包括煤、石油、天然气和泥炭。它们的燃烧会产生二氧化碳。自工业时代以来，化石燃料被大量使用，地球大气的二氧化碳含量已经增加了45%。所幸事情有了转机。现在有了许多替代方案，如可再生能源中的生态电力，其他方案也正在被研究和探索，比如氢动力汽车。此外还有更明智的选择，如可持续发展交通，人们根据需求更好地选择公共交通工具、自行车和电动共享汽车出行：它们只是电动汽车，并且只在必要的情况下使用。

"前进"号探险

在木制探险船"前进"号的帮助下，南森于1893年至1896年期间成为第一个冒险穿越北极的探险家，他采用的是随海冰自然运动的漂流方式。尽管"前进"号探险队未能抵达地理北极点，但它作为最伟大的探险活动之一已被载入极地探险研究的历史。在经历了更多次伟大探险之后，"前进"号如今在奥斯陆博物馆等待瞻仰（它值得你来一场火车旅行）。

工业革命 / 工业时代

自18世纪下半叶以来，从英国开始，世界发生了改变：在蒸汽机被发明之后，工业迅速地发展起来。工厂如雨后春笋般被兴建，货物和商品的产量越来越多，城市不断发展，社会发生变革，许多事情都因人类的利益而改变。同时，化石燃料的消耗量骤增，温室气体的排放，尤其是二氧化碳的排放量不断增加。

气候

我们用天气来描述天空中短期之内发生的情况，像是掉在我们鼻子上的雨滴或者闪亮的雪片。天气通常每天都有变化，甚至是更短的时间内。而我们所说的气候是指某一地区在较长时间周期内的所有的天气表现。大多数情况下，30年为一个基础周期。不过"气候"也常常被理解为广义上的整个气候系统。

气候模型

在所谓的气候模型的帮助下，可以在计算机上对气候的发展做出预测。为了使气候模型的预测更可靠，就需要提供尽可能准确的数据。

气候系统

地球的气候系统，又被简称为"气候"，它是极其复杂的。气候系统最重要的组成部分是大气层和冰冻圈，即地球上所有的冰冻区域。其组成部分之间关联密切，一个组成部分的变化也会影响到其他组成部分，如作为冰冻圈一部分的海冰的变化会对大气层产生影响。

气候保护

气候变化已经改变了世界且不可逆转。但是，我们也有可能减缓气候变化的进一步加剧，并限制其对地球和我们人类的影响。气候保护措施非常重要，无论是个人、团体还是国家采取的措施。许多措施旨在将地球的变暖程度限制在2℃之内，甚至是更理想的1.5℃之内。气候变化是人类最大的挑战之一，但如果我们一起努力，就可以防止产生更大和更危急的影响。在本书的第三章，你可以了解到自己可以做些什么，并可以从一些环保组织那里获得更多的可行性建议。

气候变化

只要有大气层的地方，比如地球上，就会发生气候变化——就像现在这样。在一个较长的周期内，出现了变冷或者变暖的情况，可能导致冰川时期或者温暖时期的出现，正如地球气候史上曾多次出现的那样。当前气候变化的特殊之处在于其变化速度，以及它是由于人类活动而产生的。它不仅发展得快，且还未看到尽头，也就是说还会继续下去。目前所说的"这种"气候变化，越来越多地被称为"气候危机"，因为它对生态和社会的影响越来越大。

二氧化碳 / CO_2

二氧化碳被认为是温室气体和气候气体的典型代表。这种无色无味的气体，由碳原子（C）和氧原子（O）组成。它是地球大气层的自然组成部分之一，对自然温室效应非常重要。我们要对它表示感激，因为我们的星球如此宜居，它功不可没。但是，在过去的250年里，由于我们过度使用化石燃料，大量排放二氧化碳，它与其他一些温室气体的过度聚集导致了全球变暖。此外，我们大规模砍伐森林——尽管森林在吸收二氧化碳方面作用显著，并将其转为农业用地。二氧化碳的浓度是以ppm（百万分之）为单位的。远古冰芯的测量结果表明，在过去的80万年中，它的浓度从未超过300ppm。1750年左右，工业革命伊始，浓度约是278ppm。如今呢？测量值已经超过了407ppm。

冰冻圈

这里包括所有的冰冻区域，如冰川、海冰或者冰冷的永久冻结带。冰冻圈是全球气候系统中的一个重要组成部分，有助于防止地球变暖加剧。冰和雪具有很高的反照率，能反射大量的阳光，而不是吸收阳光升温。

海冰

海冰漂浮在海洋上。在寒冷的大气环境下，海水结成了冰，形成了海冰。由于海冰在夏天融化，在冬天重新冻结，其面积和厚度会随着年份和季节的变化而波动。

马赛克——探险队

科考任务往往会用一个很有趣的缩写替代冗长复杂的全名。作为我们这个时代规模最大的北极科考活动，2019 年至 2020 年的"极星"号科考计划已被载入史册，其名称缩写为马赛克（MOSAiC）——北极气候研究多学科漂流观测计划（Multidisciplinary Observatory for the Study of Arctic Climate）。这个名字想要表达的是：尽可能多的不同学科的科学研究人员在一起工作，共同研究北极的气候系统。在德国阿尔弗雷德－魏格纳研究所的领导下，来自 20 个国家的 80 多个研究机构参与了这次庞大的探险活动。这个名字也很贴切，因为马赛克探险队的研究营地在一块不断开裂的浮冰上，实际情况真的像是海冰的马赛克拼接。

生态系统

包括一块栖息地及居住在那里的动植物居民们。可以说，生态系统就像是一个社区，其中所有的物和人都是相互联系相互依存的——毕竟这个词来自希腊语 oikos（意为"房子"）和 systema（意为"联结"）。虽然生态系统可以改变，但相互之间的依赖意味着变化也能使社区处于危险之中。

浮游生物

这些微小的生物自由地漂浮在水中：在古希腊语中，浮游生物的意思是"游荡之人"。科学界将浮游生物分为浮游植物和浮游动物，比如微小的甲壳生物和极小的蜗牛。

"极地 5"号和"极地 6"号

阿尔弗雷德－魏格纳研究所的两架独具特色的彩色科研飞机，即使在极地的极端环境条件下和高达 54℃的高温下也能飞行。其他飞机几乎不可能安全穿越这样的空气，更不用说起飞和降落了。这两台坚不可摧的机器曾在第二次世界大战中被盟军使用。它们拥有最先进的技术和设备。凭借其独特的滑雪板和轮胎组合式的起落架，它们可以在冰雪上起降，甚至可以在飞机上携带各种仪器来探索大气层和海冰。

温室效应

我们地球的温室效应与花园中的温室效应非常相似。在一个温室里，阳光透过玻璃屋顶照射进来，温室中的空气和土壤升温。玻璃阻止了被加热的空气散去，因此温室内保持温暖。就我们的地球而言，阳光落于地表，然后反馈出热辐射。虽然没有玻璃屋顶，但大气中存在的温室气体，可以留住这种热辐射，额外为地球保温。天然的温室效应是存在的，否则地球将会是一个冰球。但人类需要对大气层中越来越多的温室气体负责。现在，更多热量聚集，地球温度逐步上升，这样一来，人为的温室效应加剧了自然的温室效应。其结果就是气候变化。

温室气体

大气层中的气体造成自然和人为的温室效应。它们可以是自然形成的，也可以是人造的。主要温室气体有水蒸气（H_2O）、二氧化碳（CO_2）、氧化亚氮（N_2O）、甲烷（CH_4）和臭氧（O_3）。

永久冻结带

这些土地，例如在西伯利亚或者在阿尔卑斯山的高处被发现，是永久冰冻的。实际上，因为全球变暖导致的永久冻结带解冻，被认为是一个所谓的倾覆点，引起了许多人的关注。这意味着，即使一个小的变化也会导致这个元素发生质变性质的状态"颠覆"，产生严重的后果——且无法逆转。当永久冻结带的解冻情况足够严重时，其进一步转化为泥浆的过程就无法被阻止，而这又将对气候产生严重的影响，因为泥浆会释放出大量的温室气体。

未来

未来不是远方的某个时间点，它可能会被我们遇见，也可能不会。未来与现在是直接相连的，我们现在就可以影响它，获得对我们或者我们的孩子将生活在什么样的世界的发言权。这给了我们对未来的强大信念，只要我们愿意，我们就可以塑造它。

索引

气溶胶 41, 60, 66-67, 110
反照率 53, 110, 112
藻华 66, 88-89
南极 40, 46-47, 50, 55, 110
大气层 2, 13, 35-37, 39, 56-60, 62, 64-67, 69, 71, 91-93, 110-112
大西洋化 73

生物圈 58-59

干旱 2-3, 99

涡流 60-61, 72-73
冰藻 41, 82, 88-89, 94
北极熊 5, 12-13, 18-19, 21, 24-25, 27, 29-31, 33-34, 43, 77, 81-87, 94, 97, 99, 108, 110
冰上营地 11, 21, 24-25, 33, 42, 69, 85, 96
冰漂 13-14, 110
地球变暖 39, 67, 112
极端天气 2, 8, 99, 110

科考型破冰船 9, 10, 22
"前进"号 15-19, 34, 111
弗拉姆海峡 10-11, 74, 97, 110

湾流 70-71, 74-75
高温期 7
低体温症 30

高速气流 6-7

气候变暖 4, 63, 65, 73-74, 98
气候模型 8-9, 111
二氧化碳 37, 39, 51, 58, 67, 76, 81, 90-92, 99, 102, 105-107, 111-112
冰冻圈 50, 58-59, 111-112

罗蒙诺索夫海岭 101

洋流 11, 14, 34, 37, 41, 44, 51, 56, 70-73, 75, 78, 80, 110
甲烷 37, 58, 91-93, 106, 112

微塑料 78-80
混合相云 63
极昼 12, 34

食物网 77, 79, 86, 89-90
弗里德约夫·南森 14-20, 26, 34, 88, 94, 99, 111

海洋酸化 76-77
臭氧层 40, 58-60, 110

冰群 10, 14-15
永久冻结带 40, 50, 93, 112
北极鳕鱼 42, 82, 86-89, 94
极夜 8-10, 12-13, 17-18, 21, 23, 27, 34, 43-44, 56, 65, 71, 81, 83, 96, 108
光合作用 88, 91
浮游植物 66-67, 82, 88-92

海烟 56
斯匹次卑尔根岛 4-5, 10, 74-75, 110
微量气体 58, 91-92
平流层 58-60

极地冰漂 11, 13, 14
温室效应 19, 36-37, 39, 57, 74, 81, 93, 110-112
温室气体 2, 9, 37-39, 55, 66-67, 76-77, 81, 91-94, 99, 106, 110-112
对流层 58-59

美国军舰"珍妮特"号 14

天气 6/7, 36, 57-59, 62, 71, 99
雪盲症 61
风寒指数 31
云 37, 56, 58-67

浮游动物 82, 88-90

鸣谢

在许多人的支持下，才促成了本书。作者要特别感谢阿特耶·博易图斯博士教授、卡斯特·乌尔博士、乌维·尼克斯道尔夫博士和马库斯·雷克斯博士教授提供的陪同马赛克探险队参与考察的机会。感谢多罗塔·博赫博士、博伊斯·克里斯蒂安、杰西·肯雅明博士、方迎迟博士、豪克·弗洛瑞斯博士、鲁尔夫·格哈丁格博士教授、克劳斯·葛逻斯菲尔德博士、克里斯蒂安·哈斯博士教授、克拉拉·霍普博士、马里奥·霍普曼博士、塞比勒·克伦岑道尔夫博士、博伊斯·考赫博士、比耶拉·柯尼希、托马斯·克鲁姆普博士、希纳·罗斯科、卡迪娅·麦特菲斯博士、罗纳德·奴尔博博士、马塞尔·尼古拉斯博士、伊尔卡·皮肯博士、汉斯－奥图·波特那博士教授、沃尔克·哈赫豪德博士导师、克里斯蒂安·萨勒维斯基博士、英格·萨斯根博士、颜宁·沙弗尔博士、尤利娅·施马勒博士、安雅·宋莫菲尔德博士以及所有为该书提供专业知识咨询或为本书提供照片的人。还特别感谢斯蒂凡尼·阿尔特博士、丽莎·葛逻斯菲尔德、塞巴斯蒂安·格罗特、伊斯特·胡尔文特和福尔克·梅尔特思博士，感谢他们的支持，以及将航海日志与"极星"号上的官方日志整理完成，并感谢安妮卡·梅尔 /eventfive 及 meereisportal.de 团队提供的图形图像支持。特别感谢安耐特·万斯和斯蒂凡尼·卢迪厄耐心细致的编辑与排版。由衷地感谢我们的家人，他们在这本书的创作过程中给予了我们极大的支持，让我们仿佛再一次游历了北极。

卡塔琳娜·韦斯－图德与克里斯蒂安·施耐德

第 47 页左上：阿尔弗雷德－魏格纳研究所 / 利安娜·尼克松（科罗拉多大学博尔德分校）：

第 47 页中上：阿尔弗雷德－魏格纳研究所 / 马库斯·雷克斯；

第 47 页右上：阿尔弗雷德－魏格纳研究所 / 马里奥·霍普曼；

第 47 页左下：阿尔弗雷德－魏格纳研究所 / 弗兰克·霍德；

第 47 页中下：阿尔弗雷德－魏格纳研究所 / 安娜·赫尔姆斯；

第 47 页右下：阿尔弗雷德－魏格纳研究所 / 马里奥·霍普曼；

第 48 页：卢卡斯·皮特洛夫斯基；

第 49 页上：史蒂芬·格劳普纳；

第 49 页下：阿尔弗雷德－魏格纳研究所 / 马库斯·雷克斯；

第 50 页：阿尔弗雷德－魏格纳研究所 / 马里奥·霍普曼；

第 62 页上：阿尔弗雷德－魏格纳研究所 / 马里奥·霍普曼；

第 62 页下：阿尔弗雷德－魏格纳研究所 / 卢多维科·巴里蒂奥（NOAA）；

第 66 页上：RJ 利集团；

第 66 页中：阿尔弗雷德－魏格纳研究所 / 史蒂凡·亨德瑞克丝；

第 66 页下：科罗拉多州立大学；

第 67 页上：RJ 利集团；

第 67 页下：Alamy 图库；

第 72 页：阿尔弗雷德－魏格纳研究所 / 亚尼·沙弗；

第 73 页上：阿尔弗雷德－魏格纳研究所 / 利安娜·尼克松（科罗拉多大学博尔德分校）；

第 73 页下：阿尔弗雷德－魏格纳研究所 / 利安娜·尼克松（科罗

拉多大学博尔德分校）；

第 74 页：阿尔弗雷德－魏格纳研究所 / 米歇尔·古特切；

第 75 页：卢卡斯·皮特洛夫斯基；

第 81 页：阿尔弗雷德－魏格纳研究所 / 埃斯特·霍尔瓦特；

第 85 页：卢卡斯·皮特洛夫斯基；

第 87 页：阿尔弗雷德－魏格纳研究所 / 克里斯蒂安·卡特莱；

第 95 页：阿尔弗雷德－魏格纳研究所 / 马里奥·霍普曼；

第 96 页左上：阿尔弗雷德－魏格纳研究所 / 米歇尔·古特切；

第 96 页右上：阿尔弗雷德－魏格纳研究所 / 米歇尔·古特切；

第 96 页下：阿尔弗雷德－魏格纳研究所 / 塞巴斯蒂安·格罗特；

第 97 页左上：阿尔弗雷德－魏格纳研究所 / 利安娜·尼克松（科罗拉多大学博尔德分校）；

第 97 页中上：阿尔弗雷德－魏格纳研究所 / 马库斯·雷克斯；

第 97 页右上：阿尔弗雷德－魏格纳研究所 / 利安娜·尼克松（科罗拉多大学博尔德分校）；

第 97 页中：阿尔弗雷德－魏格纳研究所 / 马库斯·雷克斯；

第 97 页下：阿尔弗雷德－魏格纳研究所 / 马库斯·雷克斯；

第 98 页上：阿尔弗雷德－魏格纳研究所 / 利安娜·尼克松（科罗拉多大学博尔德分校）；

第 98 页中：阿尔弗雷德－魏格纳研究所 / 史蒂芬·格劳普纳；

第 98 页下：阿尔弗雷德－魏格纳研究所 / 史蒂芬·格劳普纳；

第 102/103 页：摄影师：饶鑫鹏

作者

©汉斯·洪诺德 摄

卡塔琳娜·韦斯－图德作为阿尔弗雷德－魏格纳研究所的通讯部负责人，陪同马赛克探险队参与考察。作为探险队的一员，她能亲自体验北极地区及其变化。她持有慕尼黑大学文学博士研究生学位，是一名长期以来一直关注环境、气候和农业 / 食品等主题的自由作家。目前卡塔琳娜·韦斯－图德与丈夫居住在柏林，他们对环境、气候和动物保护都充满热情。自从她第一次在野外见到北极熊以来，保护北极地区一直是她特别关注的主题。

绘者

©自摄

克里斯蒂安·施耐德，1978 年出生于达姆施塔特，在汉堡进行过插画深造。他最爱的主题是关于大自然的一切，并将其以彩色铅笔画的形式表现在纸上。他热爱接触自然，对柏林的都市丛林中在家附近出没的狐狸异常兴奋，它们为晚间的散步增加了一丝野性的气息。

平面设计师

©萨博·克拉洛 摄

斯蒂凡尼·卢迪厄，1976 年出生于慕尼黑，在奥地利学习新媒体及设计，并很快成立了自己的设计工作室。她热爱自然和徒步，因为在路上能为她带来最好的灵感。如果她不在山里，你通常可以在她位于慕尼黑的设计工作室找到她。在那里，她将呈现自己闪光的灵感。